成就最好的自己

朱步楼 —— 著

江苏人民出版社

图书在版编目（CIP）数据

成就最好的自己／朱步楼著. －－ 南京：江苏人民
出版社, 2022.3
ISBN 978-7-214-26964-5

Ⅰ.①成… Ⅱ.①朱… Ⅲ.①人生哲学－青少年读物
Ⅳ.①B821-49

中国版本图书馆CIP数据核字(2022)第010026号

书　　名	成就最好的自己	
著　　者	朱步楼	
装帧设计	韦　枫	
责任编辑	于　辉	
责任监制	王　娟	
出版发行	江苏人民出版社	
地　　址	南京市湖南路1号A楼，邮编：210009	
照　　排	江苏凤凰制版有限公司	
印　　刷	江苏凤凰通达印刷有限公司	
开　　本	710毫米×1000毫米　1/16	
印　　张	16.5	
字　　数	140千字	
版　　次	2022年3月第1版	
印　　次	2022年3月第1次印刷	
标准书号	ISBN 978-7-214-26964-5	
定　　价	48.00元	

（江苏人民出版社图书凡印装错误可向承印厂调换）

序一

人生感悟的理性魅力

步楼先生的大著就要出版了，我有机会先睹为快，也非常荣幸有机会为他的这本书写点文字。

步楼先生是我的老领导。我在苏州担任分管文化教育的副市长时，他在江苏省人民政府协助副省长工作，担任我这条线的分管副秘书长。由于工作上的原因，我们的接触较多，也经常有深谈的机会，从他的人生智慧与工作方法中受益颇多。

步楼先生也是我的老乡。我们的老家都在江苏盐城。那是麋鹿和丹顶鹤的故乡，是张謇曾经垦荒植棉的土地，也是一片培育文人墨客的沃土，施耐庵、胡乔木、曹文轩等都是从这里成长起来的。据说，曾经有一段时期，从盐城投稿到全国各地报刊的稿件，以及从各报刊寄往盐城的稿费单，都是全国第一。步楼先生大概也是秉承了盐城人舞文弄墨的天赋。

步楼先生的这本书是一本哲理散文。我很喜欢这本书的书名"成就最好的自己"，因为，这是我的教育理念之一。我一直认为，教育的使命就是不断帮助每个师生成为更好的自己。教育不是用一个标准的模子，一个统一标准的评价，把本来具有无限发展可能性的每个人变成单向度的人，而应该帮助每个人实现自己的潜能、自己的价值，最终成为最好的自己。

在这样的命题之下，步楼先生讨论了生命的意义、幸福的真谛、快乐的秘诀、读书的滋味、信仰的动力、自由的维度等若干关于人生的大问题。这些问题，涉及成就最好的自己的价值观与方法论。他纵论古今中外，典故成语信手拈来，案例数据非常丰富，真诚地告诉读者，要想获得真知灼见，实现自我完善，要想有所发现、有所发明、有所创造，必须"年无废月、月无废日、日无废时"，不待扬鞭自奋蹄地勤奋努力、拼搏奋斗，越过重重坎坷险阻，"一步一个深深的脚窝"走完人生的每一步路。这些人生哲理的体验和感悟，具有独特的思想张力和理性魅力。

我特别喜欢书中关于阅读的文字。步楼先生讲述了自己早年如饥似渴读书的故事，介绍了自己工作以后把读书作为生活方式的习惯，并且总结自己读书的体会："读书，如饮甘露，如品茗茶，如尝醇酒，浓淡自得、厚薄自知，滋味悠长、回味无穷。"

文如其人。在书中我们可以看到步楼先生如何涵养家国情怀，如何厚植节俭美德，如何品味享受孤独，如何驾驭情绪、保持良好心态，如何做到心中有爱天地宽，如何确立底线思维、把握好人生的度，如何力戒浮躁、坚持走自己的路，如何追逐人生梦想、唱好人生四季歌等。这些他写给年轻人的文字，是他多年人生积累的经验，相信对于成长中的年轻人是特别有意义的。

我想，正是在帮助年轻人成就最好的自己之中，步楼先生成为了更好的自己。

朱永新

2021年7月2日晚，写于北京滴石斋

序作者为全国政协常委、民进中央副主席，改革开放30年"中国教育风云人物"，中国新教育实验的倡导者和推动者

序二

人生哲理的诗性抵达

此文致敬朱步楼先生，致敬他的文人初心，致敬他的书生本色，致敬他以倾情睿智的情怀和笔耕不辍的精神，通过优美娴熟而寓意深邃的文字擦亮自己的丰富人生，并经由平等的分享教喻后来人的师者风范。是的，师者风范：从这本《成就最好的自己》中，透过精美的文笔，精致的语句，精彩的人生，最容易感受到的便是精深的感悟和精到的发挥，读之如沐春风，听之如坐杏坛，一行行真挚潇洒的文字传达的便是如一个侃侃而谈的老师在与朋友，与学生，与同好，也与他自己循循善诱地恳谈着，"如何成就最好的自己！"围绕着这个话题他每每能口若悬河，有时候苦口婆心，尽可能以文学上的锦言绣口传达出思想上、精神上富有启发性的尊口良言。

朱步楼先生教师出身。对了，今天正好是2021年的教师节，我从来自四面八方的节庆问候信息中抬起头来，写下这些文字向朱步楼老师致敬。他虽然是一位党政领导干部，但他作为光荣的共和国教育工作者的身份、风度和做派却从未改变，甚至从未减退。

作为一名资深的语文老师，我深深地感佩朱步楼先生这样一位杰出的同行，而作为一个文学研究者，我更要对散文家朱步楼以及他的特色文字说一些感想。

近些年，一个辛勤笔耕在微信群和纸质媒体的哲理散文家朱步楼，带着他的经验，带着他的修为，带着他的感悟，也带着他的热忱和老到、灿烂的才情，向相对寂寞的文坛款款走来。文坛很热闹，怎么说相对寂寞？我所指的是朱步楼所熟稔也所擅长的这一片，或者说这一个角落，哲理散文的文坛，不仅相对寂寞，而且似乎历来就寂寞。这正是朱步楼散文的意义，他的这部哲理散文集能够通过精警而超卓的笔触装点并一定程度上化解哲理散文创作之寂寞。

散文的世界是阔大的，然而也是可以进行学理把握的。一般来说，从文章的表现内涵划分，散文可以是抒情的，叙事的和说理的。抒情散文在文学文体世界蔚为大观，其数量、成就自不必说；叙事散文已经强大到可以并足以向散文文体世界"闹独立"的地步，从影响卓著的报告文学到试图别立新宗的非虚构写作，其发展的势头未可限量。只有哲理散文这一块，自中国新文学产生以来，一直以一种"斯人独憔悴"的寂寞旁观或者遥望抒情散文和叙事散文的"京华冠盖"。

其实，哲理散文作为现代散文的一个非常重要的类别，它应该得到重视和发展。西方哲理散文的传统，从柏拉图的"诗意对话"到亚里士多德的《工具论》，再经培根的《新工具》，直至尼采的哲思呓语，一直清晰而明朗，辉煌而灿烂。特别是科学兴盛时期，人们对于世界探索的热情加大，反观人生的频率加快，对于真理的领悟以及对人生的重新阐释能力迅速提高，哲理散文在欧洲形成了金碧辉煌的"essay"传统和"feuilleton"传统，这一传统或许可以以"知识就是力量"等警句创作人培根的成就为标志。中国文学史上也有厚重的哲理散文传统，先秦诸子学说大多以精美的哲理散文行世，《吕氏春秋》被认定为中国第一部哲理散文集，至于魏晋时代的玄学，唐宋八大家中的哲论，乃至于明人小品，都赓续着汉语哲理散文的伟大传统。中国新文学对于中外散文的抒情传统具有明显的继承，但无论从理论还是从创作实践上都没有充分估计到哲理散文的价值。周作人等继承明人小品的散文书写体现着哲理散文的端绪，五四新文化运动中，鲁迅等均参与的《新青年》"随感录"体文字，还有郭沫若、郁达夫等在《创造季刊》上的"漫衍言"文字，都能够体现哲理散文的文体魅力，惜乎不成规模，难以产生震动文坛的文体影响。20世纪30年代，梁遇春等人的散文，以独特的幽默笔法表现人生哲理，如《春朝一刻值千金》之类，后有陆蠡的《囚绿记》等，林语堂、梁实秋的部分文字，都能勾画出哲理散文的时隐时现的影迹。至于"语丝体"和鲁迅杂文体，则以社会批评、文明批评为主要诉求，多不是反思人生、启悟哲性的哲理散文。

在当代文学发展过程中，周国平的哲理散文曾经风靡一时，体现了时代转换时期，人们对哲理、智慧的渴求，以及对于真理反思的热忱。周国平首先是一位哲学家，其次是散文家，他的哲理散文包含着较多的学究气，在人们探索人生哲理的热情消退了之后，也就会将其搁置一边。尽管中外文学史上的哲理散文都曾经与哲学思潮和哲学流派同步发展，但哲理散文毕竟是文学的一种，而不是哲学的附庸，它应该在丰硕的人生叙述中总结丰富的人生经验，在丰绰的真理性思考中启迪人们丰满的心智，在丰饶的生命体验的摹写中体现壮丽而丰沛的情感。正是在这样的意义上，朱步楼的散文可以说对周国平的哲理散文构成了一种呼应，甚至可以说构成了一种弥补、充畅。

不必讳言朱步楼散文的"教喻"功能，"成就最好的自己"这一书名就暴露了作家的胸臆与用心。这也体现了一个教育工作者，后来又从事与文教相关工作的领导者的一种很自然的责任感和事业心。但读过这些充满爱心、仁心和匠心的文字，并不会觉得有说教的意味，也没有哲学的生涩与酸楚，更没有老气横秋的教训和皮里阳秋的乡愿，你会觉得亲切自然，觉得温馨快意，觉得酣畅淋漓，原因是作者在这些文章中通过丰实而亲切的人生体验设身处地讲述自己的故事，表述自己的体验，阐明自己的领悟，宣示自己的心扉，虽然他习惯于引经据典，喜欢在古今中外圣人智者的警言与萃思中寻觅心仪的阐释，但哲理思考和诗性表述的每一寸意念都属于他自己的颖悟与诗性的传达，没有任何现成的教条和僵化的训导。所有的哲思都带着他自己生命的温度，有些深刻的人生感悟相信来自他深彻的个体体验，例如对孤独的感知与理解："孤独如一行足迹，深深印在沙滩上，向远方延伸；孤独似一双眼睛，痴痴地望着夕阳，向梦想遐思；孤独像一声呼唤，悠悠回响在峡谷中，向四周蔓延；孤独是一堆篝火，默默燃烧在旷野，向黑暗放光。"（《学会享受孤独》）这是在写哲理吗？这是在写诗，写他的生命之诗。但这诗中飞扬着独特的人生体验所滋生的生命感兴。几乎所有教喻性的哲思都来自自己心灵对世界的触摸，因此，带着他自己的体温，带着他自己灵性的成色，带着他的汗水、泪水的盐分，甚至带着他心血的色彩与浓度。

朱步楼的散文是用心写作的结果。它既是哲理的，又是抒情的，既是为人生的，又是为艺术的，既有社会性的甚至政治性的觉悟，又有审美的艺术的人生感悟，既有哲学的思考，又有感性的甚至是直觉的书写，因而，它既是散文，也是诗篇。确实，这是哲理散文，也是抒情诗，且看他这样描述或者说抒发"生命"的感兴："生命如同课堂，让我们学会了刻苦、忍耐、淡泊和宽容；生命融于自然，让我们体会了春暖冬寒、夏燥秋凉；生命犹如旅行，让我们欣赏了美丽的风景、拥抱了未知的世界；生命积累财富，让我们饱尝了酸甜苦辣、感受了悲欢离合、砺炼了身心意志。"（《生命的意义》）这是在探寻生命的意义，更是在咏唱生命的赞歌；是在体验生命的底蕴，更是在展现生命的色彩和魅力。这样的文章，让读者与作者在生命的交流中体味到诗性与活性，体察到生命的庄严与伟美，体验到生命的形质与快慰，虽然不通向生命的狂欢，但也不触发生命的冰点。

朱步楼的所有人生感悟和生命体验及其所淬炼的哲性思考，都面向日常人生，面向大众世界，面向当下，面向实际，是这部散文集拥有时代适应性和社会观照力的文化根柢。他的哲理散文不从哲学出发，不从科学或者其他的学问体系出发，而是从现实出发，从人生出发，从自己出发，从自己的心灵以及心灵中的诗性和悟性出发。显然，这样的哲理散文比其他类型的散文写作要困难得多。它要有非常精炼而准当的叙事，于是散文中常常穿插一些精彩的故事和生活经历，这些是他讲述人生哲理的基础材料和文化背景；它一点也离不开抒情性的表达，于是每完成一篇阐述都像在完成一首生命之诗、人生之诗的吟咏与歌诵。更重要的是，作为哲理散文，它的每一篇章所表现的人生哲理，必须切要缜密，必须逻辑严谨，必须条理分明，必须思路清晰，在这样的意义上，作者无法真正发挥或驾驭原本属于自己的构思，也难以挥洒一个散文家必然特别倚重的写作状态下的率真自然。这是哲理散文，特别是像朱步楼这样写作者所必须承担的责任，也可以说是必然偿付的代价。

于是，散文家朱步楼仍然会按照这样的路数走下去，写下去，因为只有他能够领悟这些，承担这些，并且做得到，做得好。理性的感悟需要人生的高度，需要丰富的经验，需要高屋建瓴的胸怀，需要人生彻悟的心境，这一切都来自沧桑和岁月，来自胸襟与格局。这样的哲理散文与许多人欣赏的青涩的书写完全不一样，其真情书写的快感与真理领悟的快感相融合，在生命的飞扬中进入令人快慰的文学写作，这是一种通过人生的经验和人生积累以及人生感悟才可能获得的文学资格。朱步楼以这本扎实、丰实的散文集表明，他是最有上述资格的作者。他的几乎每一篇散文都通向对真理认知的诗性抵达，他往往掩藏不住这种抵达实现的快慰。于是，尽管承担，尽管偿付，但他掩饰不住其实也不想掩饰写作的愉快与欢欣。

朱寿桐

2021年9月10日于澳门

序作者为澳门大学中国历史文化中心主任，澳门文艺评论家协会主席，海外暨港澳台中国书法家协会常务副主席

目 录

从婴儿的啼哭、孩童的欢笑、情侣的拥吻、中年人花白的鬓发、老年人额头的皱纹中，我们看到了生命的茁壮成长，领略了生命的无限风光。

生命的意义

　　人的生命是短暂的。从呱呱坠地到蹒跚学步、从懵懂顽童到青春年华、从风华正茂到风烛残年，超过4万天的寥若晨星。分分秒秒、朝朝暮暮、岁岁年年，人生犹如乌云之间的闪电、奔腾而下的激流、白驹过隙般的迅疾。"生是偶然，死是必然"。生命，对于每个人只有一次，不可复生，也无以永恒，"既无长绳系白日，又无大药驻朱颜"，因为生老病死是自然法则。在人生的每一个道口上，一句醒世恒言总是赫然在目："此路通向死亡。"但是，在生命的过程中，是匆匆过客、枉此一生，是平平淡淡、了此一生，还是追求卓越、大写人生，是我们对人生之路的抉择。

　　人的生命是伟大的。在浩瀚的银河系中，地球这颗小行星就像是太平洋里的一粒沙子，微不足道。然而迄今为止，我们还无法证明宇宙中有哪颗行星像地球这样成为生命的摇篮。据科学考察，地球形成于46

亿年前，大约35亿年前才出现了最早的生命，即原生的单细胞生物。约2亿年前出现了哺乳动物。人类的远祖可以追溯到700万年前，但是直到35000年前人才最终完成了自己的进化过程，成为"能进行思维的人类"。地球上累计出现过约1.2亿种生物，只有人类进化成了有意识、有感情、有理智、有目的活动的"万物之灵"。人之于宇宙、之于地球，是何其渺小。但是，从原始蒙昧到现代文明，从埃及的金字塔、中国的万里长城到今天的万物互联、智能制造，"渺小"的人类生命代代传承、周而复始，用智慧和力量推动着历史车轮前行。没有这个世界上最高等的生命，地球还是洪水泛滥、一片荒芜。只有经过人的劳动创造，地球才走向繁荣、文明，成为人类最可爱的家园。地球的进化和变迁、人类的进化和进步，显示了人类生命的伟大。

人的生命是宝贵的。从婴儿的啼哭、孩童的欢笑、情侣的拥吻、中年人花白的鬓发、老年人额头的皱纹中，我们看到了生命的茁壮成长；从天空明媚的阳光、树上小鸟的吟唱、路边花草的芬芳中，我们领略到了生命的无限风光。生命是人的自然之本、无价之宝，也是人生所有美好的前提。生命如同课堂，让我们学会了刻苦、忍耐、淡泊和宽容；生命融于自然，让我们体会了春暖冬寒、夏燥秋凉；生命犹如旅行，让我们欣赏了美丽的风景、拥抱了未知的世界；生命积累财富，让我们饱尝了酸甜苦辣、感受了悲欢离合、砺炼了身心意志。珍惜、保护和利用好宝贵的生命，是生活给我们每个人至真至美的享受。

尽管人的生命是一个短暂的过程，但又是伟大的、宝贵的、无价的。所以，让生命充满理想和追求、色彩和诗意、张力和激情，则有着非凡的意义。

生命的意义在于珍惜和善待。人是世界上一切有意义变化的主体，人生的要义就在于生命的保有和发展。人别于其他动物，就在于对生、老、病、死的规律有着深切的认识，对悲、欢、离、合的际遇有着深刻的感悟。人们强身健体、修身养性，并通过先进的现代医疗、药物和保健措施延年益寿，就是体会到了生命的可贵和美好。但也有少数人一旦生活中遭受痛苦、不幸、挫折，为了自己的解脱而草率结束生命，还有个别人以生命为筹码进行与社会、他人的赌博，从事违法犯罪，走向自我毁灭。这种轻易地拒绝生命的人不仅是对自己不负责任，也是对家人、对社会的不负责任。一个不知珍惜自己生命的人是不会善待世间一切美好事物的。"我的手还能活动，我的大脑还能思维，我有终身追求的理想，我有爱我和我爱着的亲人和朋友，对了，我还有一颗感恩的心……"谁能想到，这段豁达而优美的文字，竟出自一位在轮椅上生活50多年高位截瘫的残疾人——科学巨匠霍金。在常人看来，命运之神对霍金是非常苛刻了，可他仍感到生命的无比珍贵，用能活动的手指、能思维的大脑，创造了人生的辉煌。生命不会重复，时光不会流转。珍惜生命，就要珍惜时间，不荒废从我们身边经过的分分秒秒；珍惜青春、爱情、友谊、家庭、事业；珍惜人类创造的一切优秀文化和文明成果；珍惜生活给予我们的每一点赐予；珍惜人类共同的家园——地球及其自然生态。珍惜生命就要善待生命，看轻看淡那些功名利禄，面对并勇于承受生活中的磨难和挫折。只有这样，才能体悟到生命的美好和精彩。

生命的意义在于理想和追求。人和其他动物最大不同就是满怀希望、萦绕着理想。人类与自然的根本区别在于人类能够创造发明，并运用文化再造一个理想的世界。马克思说过，理想、激情是"人强烈追求自己对象的本质力量"。没有理想和追求，生命就处于黑暗之中，看不到光亮，迷失了方向。现实中，有的人追逐名利，力求在尘世中建功立业，"人过留名，雁过留声"；有的人私欲至上，不顾社会他人利益，不管死后洪水滔天，将满足个人愿望和需求作为生活的全部；有的人将自己短暂的生命融入崇高的理想之中，追求自我人格的完善和发展，在不懈的人生价值追求中获得精神上的满足。人的一生如何度过？什么

　　　　　　　　　　　　　成就最好的自己

是生命的意义？雷锋以年轻的生命回答："人的生命是有限的，可是为人民服务是无限的，我要把有限的生命，投入到无限的为人民服务中去。"是的，生命的意义远不止于生存，而重在追求远大的理想。1835年秋天，17岁的马克思在中学毕业论文中说明他立志选择最能为人类谋福利的职业，体现了他的伟大抱负。他的物质生命虽然短暂，但是通过为全人类解放和发展服务，将"精神生命"延伸到了无限。当然，在人生旅途上，我们不必为没有到达理想的彼岸而后悔，不必为别人取得的辉煌成就而自卑，也不必为自己生活的平淡而羞愧，只要我们无愧于心中的理想和追求，并且有所作为和奉献，生命就是有意义的，人生就是美丽的。

生命的意义在于勤奋和拼搏。我们都渴望永恒，但是岁月必然流逝，就像一把细沙，我们越是想要用力抓住它，它越会偷偷从指缝溜走。一寸光阴一寸金，寸金难买寸光阴。把勤奋和拼搏作为人生的伴侣，生命就有了光彩。从某种意义上说，生命是一个利用的过程，不用则废。因为勤奋和拼搏使人身体强健、手脑灵活，生命动力更强；勤奋和拼搏使人增加知识才干，生命内涵更为丰富；勤奋和拼搏使人生命恣意张扬，提高生命利用效率和生命历程的质量。鲁迅先生曾深有感触地说："我之所以能取得较好的成绩，是因为我把别人喝咖啡的时间都用在了学习上！"萧伯纳说得更好，"人生的真正意义，在于把每一滴血都耗光后才钻进黄土堆里"。是的，饱食终日、坐享其成，就会感到人生的无聊无趣；只有勤奋和拼搏，才能感受人生的充实和快乐。"生活就像爬大山，生活就像趟大河。"要获得真知灼见，要实现自我完善，要有所发现、有所发明、有所创造，必须"年无废月、月无废日、日无废时"，不待扬鞭自奋蹄地勤奋努力、拼搏奋斗，越过重重坎坷险阻，"一步一个深深的脚窝"走完人生的每一步路。在这样的人生旅程中，探索的奇情、拼搏的妙趣、挫折的痛苦、成功的喜悦……就会奏响气势磅礴、激昂优美的生命交响乐。

认识你自己

人是什么？人类对自己的认识，相对于人类对自然界的认识，还很幼稚，只是管中窥豹，充满了不成熟甚至谬见。知人不易，自知更难。传说3000年前古希腊人在德尔斐神庙楹柱上刻下的"认识你自己"，给了我们深刻的警示。

有人会惊讶，难道我们最熟悉的不是自己吗，自己还不了解自己？是的，黑格尔有句名言："熟知不等于真知"。正如苏东坡《题西林壁》诗曰："横看成岭侧成峰，远看高低各不同。不识庐山真面目，只缘身在此山中。"我们自己看不清自己的原因，就和身在庐山反而看不清庐山真面目是一个道理。

人的生命只有一次。生命的意义，不仅在于时间的延续，更主要的还在于内容的丰富多彩，自由而全面的自我发展。在人生的旅程中，学业能否进步、事业是否成功、生活的快乐多少、生命的价值大小，关键在于认识自己的程度。

看不清自己、不了解自我，一般表现为两个极端：

一是过高估价自己，自负自傲。只看到自己的长处和优势，认识不到自己的短处和弱点。如三国时马谡具有军事谋略和独到见解，有了他的"攻心为上"，才有"七擒孟获"，其后孔明北伐中原，也是马谡巧施"离间计"，助力拼杀，势如破竹。可他终因没有认识到自己恃才傲物、目空一切、狂妄自大的毛病和统兵作战能力差的弱点，因"失街亭"而被诸葛亮依军法处斩。二是过低估价自己，自卑自贱。对自己的禀赋和潜能认识不足，对外界的反应十分敏感，容易接受消极的暗示，处处感到己不如人，自惭形秽、自怨自艾、自暴自弃。在羡慕别人是棵参天栋梁时，忘了自己也是株能开花结果的大树。本可凭借自己的努力拼搏乘势而上却在迟疑和犹豫中丧失机遇，原本拥有的才华和灵气在懦弱和踯躅中消磨殆尽。

有自知之明的人是自信的，自信源于对自我学识、才能、潜力的自觉；同时，有自知之明的人又是自谦的，自谦源于对自身缺点和不足的觉醒。自谦而不卑怯、自信而不轻狂，才算是向"认识你自己"走近，才能对自己有比较科学的定位，确立比较合理的期望值，从而自尊自重、自强自立，营造出一片壮观的人生景致。

"认识你自己"，如同对于客观事物的认识一样，也有一个长期复杂的过程，不可能一蹴而就，毕其功于一役。可以说，逐步认识自己，伴随着历练和修养加深，伴随着生命成长的进程。指望轻而易举或者经过几次挫折，几个反复就能达到自知，只是幼稚者的幻想。

马克思曾经说过："历史的结果就是：最复杂的真理、一切真理的精华（人们）最终会自己了解了自己。"那么如何掌握认识你自己的主动权，加深自我认知呢？最重要的途径就是：加强自我省察，善于以人为鉴，促进全面发展。

在自我省察中认识你自己。坚持孔子倡导的"吾日三省吾身"，经常对自己的所长所短、所言所行、所作所为进行反省，如同站在高处，全方位俯视和洞察自己，发现自己越多越深，发现这个世界的可能性也就越多，把握机遇、揭示真谛的可能性就越大。在自我省察中给自己切脉、给自己定位。你真能"嘈嘈如急雨"般壮阔，就去做大弦，而只能"切切如私语"般清婉，便去做小弦。在事业发展和社会分工中，当梁还是作砖、当头还是作尾、当方向盘还是螺丝钉，只要适合发挥自我特长和能量，做了自己能做、做成的事，都是在显示着生存的意义和生命的质量。自我省察的过程是总结经验、吸取教训、修正错误，自我完善和提高的过程。鲁迅先生说过："我有时解剖别人，但常常更严格地解剖自己。"要勇于拿起"手术刀"，严于解剖自己，瞄准症结、切除"病灶"，实现自我革命。要反省自己是否自量，以便立足现实，根据客观实际和主观能力调整或重定期望值；反省自己是否尽力，有没有懒散懈怠、荒废岁月，以便挖掘潜力，尽心尽责，专心致志地投身事业；反省自己是否得法，有没有方法失误、技不如人，以便悉心钻研、校正方向、少走弯路。英国物理学家焦耳曾相信永动机理论，多年来乐此不疲、废寝忘食。在多次失败后，他反思省察自己的思维方式，从逆反的角度来思考机器运动时热与功的转化，终于发现了被恩格斯称为19世纪三大发现之一的能量守恒转化定律。

在以人为鉴中认识你自己。幼儿能认清镜中的自己，标志着自我意识的诞生；成人能认清现实中的自己，标志着自我意识的健全和成熟。人是社会的动物，个体只能在群体中生存和发展，因此，必须扩大社会交往，维护良好的人际关系。与此相联系，个体的自我认知，也与他人的联系和交流中加深。"比上不足，比下有余"，"以人之长，补己之短"，"他山之石，可以攻玉"，都是在人际交往中，在与他人的比较中得到的。以人为镜，对鉴自审，可以见妍媸、知得失。俗话说："旁观者清，当局者迷。"自己在他人心目中的形象，常常是认识你自己的重要依据和参照。所以，我们应当跳出自我的小圈子，站在旁观者的角度来分析和评价自己。要保持心理的成熟、人格的完善，以理性驾驭情感，以意志控制欲望，善于倾听、接受他人的批评、意见和建议，学习、汲取他人的长处、优点和经验，从而扬长避短，改造和超越旧我，更新和创造新我，不断使小我升华为大我。

在全面发展中认识你自己。要真正成为认清自己、驾驭自己的"主人"，必须实现体力和智力充分、自由、和谐的发展，教育和生产劳动相结合，这是促进人的自由而全面发展的重要方法。教育对自我发展具有解放性的功能和作用，唯有"活到老、学到老"，不断学习新知识、接受新事物、产生新观念、形成新方法，才能增强主体意识、适应社会发展、发挥内在潜能，并逐步刷新自己、摆脱社会和自然的束缚，走向自由王国。"夏虫不可以语于冰者，曲士不可以语于道者"，不接受终身教育，就会成为井底之蛙，无法认识他人和社会、更无法认识自己。马克思认为，人的丰富的潜能是通过实践活动这种形式发挥出来，释放出来，获得对象性存在的。在社会实践中，我们可以不断丰富和修正自己的自我认识，同时，主体能力也得到了确证和发展。学而时习之、勇于创新之，促进自我全面发展，方能自主自为，不以物喜，不以己悲，坚定信念、守住初心，锲而不舍、积极进取，去追求生命的卓越。

读书滋养人

"耕读传家久，诗书继世长。"中华文明数千年绵延不绝、薪火相传、生生不息，一个重要原因，是因为有着最古老的书籍文明和最久远的读书传统。悬梁刺股、凿壁偷光、囊萤映雪、焚膏继晷、负薪挂角、圆木警枕等成语故事，生动地记录了国人勤学苦读、勤勉治学的感人事迹。可以说，读书是流淌于我们血液里的民族文化基因。

读书，对民族的滋养，是文明的延续、智慧的传承、素质的提升；对人的滋养，则是增知益智、励志修德、安神补气、怡情养性。

读书，可以增知益智。浩如烟海的书籍，蕴含着人类的文化传统、历史记忆、思想智慧和知识体系。学习和掌握人类积累的经验和知识，唯一捷径就是读书。人只有走过他人走过的路，才能走得远；只有思考过前人所思考的，才能思想深邃。潜心于读书，可以从简淡中体会到丰富、于清明中悟出凝重、由微小处发现伟大。正如培根所说，"读史使人明智，读诗使人聪慧，演算使人精密，哲理使人深刻，道德使人高尚，逻辑修辞使人善辩"。读书，仿佛与古贤今哲相对而坐、聆听教诲，既能获取知识、增长智慧，又能丰盈心灵、开阔胸襟，开启人生的新天地。大家都知道"当代保尔"张海迪，命运之神给她关上了一扇门，让她终生与轮椅为伴，但也为她打开了一扇窗，就是用知识改变命运。她靠顽强的毅力勤奋读书、写作，成就了自己的文学梦想，给生命增添了无比灿烂的气象。

古人云："一日不读书，尘生其中；两日不读书，言语乏味；三日不读书，面目可憎。"在当今知识爆炸的信息时代，尤其如此。早在延安时期，毛泽东同志就指出："我们队伍里边有一种恐慌，不是经济恐慌，也不是政治恐慌，而是本领恐慌。"所以，要真正开启知识和智慧的人生，做到张口会道、提笔能写、遇事善谋、干有所成，使事业成为人生旅途中最绚丽多彩的风景，必须常思能力不足、常怀本领恐慌、常找学习差距，以"入山问樵""入水问渔"的求知精神，勤奋读书。要把读书作为一种精神追求、一种良好习惯、一种生活方式，既要经常手捧书墨馨香、触感厚重的纸质书阅读，也要善于利用电子阅读器、移动阅读平台、听书软件等新工具新手段，随时随地读书学习。毛泽东同志曾强调："有了学问，好比站在山上，可以看到很远很多东西。没有学问，如在暗沟里走路，摸索不着，那会苦煞人。"学问是立德立功立言之本，学问来自多读书、读好书、活读书，来自学而知之、思而信之、用而行之。

读书，可以励志修德。"智是进德之基"，"少知而迷，不知而盲，无知而乱"。一个愚昧无知的人，在复杂的道德选择上常常难分荣辱；一个缺乏理论修养的人，也难免在各种非道德的诱惑面前失去自我。书是改造灵魂的工具，是滋补道德的养料。只要孜孜不倦地读书，就能获取精神动力和道德源泉。明大德，立志报效祖国、服务人民；守公德，遵守社会道德规范，维护公序良俗；严私德，严格约束自己的操守和行为，不放纵、不越轨、不逾矩。人民有信仰，国家有力量，民族有希望。人民的信仰，离不开书籍的耳濡目染、潜移默化，离不开在读书中孕育。我们每个人都有自己心目中的英雄、楷模和偶像，有的是日常生活中认识，有的是观看影视中见识，更多的是在阅读书籍中得到感召。古今中外，众多志士仁人重气节、轻私利，重品格、轻富贵，重情操、轻生死的道德形象和"富贵不能淫、贫贱不能移、威武不能屈"，"先天下之忧而忧，后天下之乐而乐"，"居安思危、戒奢以俭"等精彩语言，都使我们学有所依，行有所本，情操得到熏陶，道德得到升华。

其实，读书本身就是一种美好的道德实践。清代著名诗人袁枚曾打过一个比方："读书如吃饭，善食者长精神，不善食者生痰瘤。"读书要选择那些读后"长精神"而不"生痰瘤"的书籍。这里的"长精神"，就是陶冶心灵、提升品性。多读"长精神"的好书，"通天下之精微，晓万物之是非"，就能够抖落市侩之气、远离声色犬马、摒弃粗陋偏执、忘却烦恼哀愁，在谦谨中学会虚心与博爱，在恬淡中活得自尊与坦然，在担当中显示自重与高洁。只要我们少一点对物欲的追求、多一点对知识的渴求，少一点无谓的应酬和玩乐、多一点时间的读书和修炼，少一点人云亦云的跟风、多一些独立思考的精神，就能够活出不一样的精彩自我。

读书，可以安神补气。"开卷有益"，不仅有益于人们知识的积累、心灵的陶冶，也有益于人们生命元气的滋补、容貌形象的改善。"不读诗书形体陋"，"腹有诗书气自华"。曾国藩曾这样写道："人之气质，由于天生，本难改变，唯读书则可以变其气质。古之精于相法者，并言读书可以变换骨相。"一个人经常与书籍相伴、与伟人交流、与大师对话，就会言之有物、笑之有韵、行之不俗，举手投足间透出自信、高雅的气质。容貌或许天赐，但气质需要修炼。我们常常评价男人的儒雅、女人的优雅是一种特别的酷、特别的美，这种"雅"不是指五官的精致、身材的婀娜、穿着的华贵，而是指内在的神韵和涵养、温文尔雅的大家风范。一个远离书籍的男人，不管他怎样刻意包装、穿金戴银，都不能显示出真正的儒雅和潇洒，因为儒雅气质和潇洒风度是文化素养的积淀。"白发戴花君莫笑，岁月从不败美人。若有诗书藏在心，撷来芳华成至真。"一个女人的容貌，会被岁月带走；绚烂的青春，也会随着时间流逝。唯有读过的书，潜在她的气质里和胸襟中，即使素面朝天，依然高雅雍容、妩媚文静、明眸善目、呵气如兰。

清代著名戏曲家李渔曾深有感触地说："予生无他癖，唯好读书，忧籍以消，怒籍以释，牢骚不平之气籍以除。"书中的喜怒哀乐具有调达情志、平衡人体阴阳气血的心理治疗作用。读书使人心神集中、杂念尽消，心平气和、神志安稳，内心宽广和洽、外表舒泰坦荡，脸色就会焕发光彩。正所谓"三天不读书面目可憎，读三天书则面目清秀"，读书起到了补气养神，滋颜美容、延年益寿的功效。法国图卢兹老年大学有句校训："停止学习之日，即开始衰老之时。"因为人的大脑和身体其他肌肉一样，需要经常锻炼来保持其强壮和健康，而读书有助于刺激大脑的认识、记忆和思考能力。经常读书，保持大脑的活跃，可以抗衰老，防止老年痴呆。"书，犹药也"，既给生命补充了能量，也是一剂抗衰老的良药。韶华易逝，唯有读书之人，像一杯酿造的陈年老酒，在岁月的浮华中静好自若，散发着令人沉醉的美。多读书、读好书，即使到了老年，也会风度翩翩、风采依旧，显示出智慧、优雅的人格魅力。

读书，可以怡情养性。读书能够去除内心的浮躁，给心灵慰藉和滋润，让心灵愉悦平和。社会不同于象牙塔，诱惑总是难免、烦恼总是不断。与书为伴，让一颗心沉浸在文字的宁静世界里，对世俗生活保持一份超然心态，就可以抵抗住五光十色的诱惑，化心绪浮躁为平心静气。读书多了，你就会发现，在无涯的知识海洋面前，再大的烦恼，也只是沧海一粟。如果人生真像大仲马所说，"是一串无数小烦恼组成的念珠"，读书之人，往往会豁达、微笑地数完这串念珠。

读书是一种高品位的休闲。在朝霞的清晨、在清闲的午后、在落日的黄昏，与书为友、潜心书海，可以让你随心所欲，用别人的体验，来开启一场说走就走的旅行；可以让你"坐地神游八万里，纵横上下五千年"，在悠然中自得，感悟生命的伟大价值、体验人生的无限快慰。一位作家说过："世界上最动人的皱眉是在读书中进行沉思的瞬间，人世间最得意的时刻是读书偶有心得时那心有灵犀的会心一笑。"是的，一卷在手，与古圣先贤共咀英华，与当代名师共话未来，难道那不是一种高品位的人生享受。

人生有三天：昨天、今天、明天，都需要读书，昨天靠读书启蒙，今天靠读书导航，明天靠读书开拓。书中乾坤大，书中日月长。读书，方能使生命之花繁茂盛开，散发出缕缕芬芳。

读书，对人的滋养是由内而外的，从生存智慧到生命能量；是终身受益的，贯穿着人生的昨天、今天和明天。

读书滋味长

读书，如饮甘露，如品茗茶，如尝醇酒，浓淡自得、厚薄自知，滋味悠长、回味无穷。

书是有香气的，读书犹如闻香识途、精神导航。何谓"书香"，顾名思义，就是书房里、书本中散发出的油墨香味；也有一种解释，"书香"之典出自芸草之香，芸草也叫香草，有驱虫功能，放在书中既可以防止虫蛀，也能够香气袭人。所以读书人家被称之为"书香门第"，书斋被称之为"芸斋"。这些，只是"书香"一词的字面含义。从本质上讲，书之所以"香"，是因为好书是思想的母胎、智慧的乳汁、人生的伴侣、心灵的良医。读书，可以启迪心智，可以励志修德，可以怡情养性。我们从芳香四溢的书籍中，能够高扬起人生的风帆远航、领略到无限的迷人风光。

书是有甜味的，读书往往苦中有甜，先苦后甜。小时候，我家住在农村，既无钱买书，也无处借书。初中刚毕业，遇到"文革"停课，只好回到村里参加劳动。好在大哥在村里做电工，经常从相熟的朋友那里带回几本连环画和英雄人物的故事书，尽管在父母的眼里都是些"闲书"，但使我劳动之余有书为伴，增添了乐趣、充实了心灵。记得一年端午节，村里知青点的几位知青回城，大哥给我借回了一大包书，说六七天时间知青回来就要送还。我打开一看，不由得喜出望外，《红楼梦》《水浒传》《三国演义》《红与黑》《海涅诗选》……正如高尔基所说，"我扑在这些书籍上，就像饥饿的人扑在面包上"。从那天开始，一到夜晚家人入睡，我就点起煤油灯，捧起这些书，嗅着书页中散发出的阵阵墨香，眼光在灵动的文字间跳动，伴随着零落的爆竹声、邻家的狗吠声、隔壁的呼噜声，直到拂晓鸡鸣。到了第二天早晨，脸上、鼻子里都是煤油灯熏出的黑色印迹，嘴里是苦涩的、四肢是疲惫的。但是，想到那些还没有读完的书，那精彩的文字、有趣的故事、深奥的哲理……就觉得一股甘露涸散于心，有一种"风景这边独好"的甜美和愉悦，于是又神清气爽、精神饱满地投入田间的劳作。一连几个晚上，我就是这样如饥似渴、津津有味地读完了仰慕已久、当时农村又难以觅到的好书。后来，上了大学，有了图书馆随心借阅，有了老师指点迷津，有了同学交流切磋，我更是将课外时间都用来找书、借书、买书、读书、谈书。想起那些终

　　　　　　　　　　　　　　成就最好的自己

日与书如影随形的日子，我似乎没有感到苦和累，只有发自内心的充盈、惬意、幸福而甜蜜。

读书如同喝茶，既要讲究温度，又要兼顾酽淡。茶不仅仅具有解渴功能，更具有观赏和品咂价值。一只玻璃杯、一小撮茶叶，开水冲下，顿时上下翻腾。茶叶，有的急急地展示、匆匆地沉寂，有的则渐渐舒展、慢慢升腾。看茶起茶落，闻芳香四溢，眼前自然会出现诗意远方的生动画境。泡茶，需要温度适宜、浓淡相宜，泡出它的至味来。水太热了，则泡熟了茶叶，一遍出汁、味苦而涩，两遍、三遍则寡淡无味、如饮开水。读书也是如此。开始时往往见书就读，不求甚解，如同喝茶单纯为了解渴，一壶在手，一通猛灌。到后来有选择的读书，对那些经典名著，特别是《道德经》《论语》《史记》《红楼梦》这些文史哲、诸子百家最有代表性的著作，读一遍只能了解大概，读了三四遍乃至数遍后才会"食之无骨"，融会贯通。就像喝茶，喝到几遍后，茶水淡了，但至味已进腹中，齿颊尚留清香。所以读经典需要下苦功夫、慢功夫，"衣带渐宽终不悔，为伊消得人憔悴"，且持之以恒，方可曲径通幽、柳暗花明，"众里寻他千百度，蓦然回首，那人却在灯火阑珊处"。"好书不厌百回读，熟读深思学自如"，说的就是这个道理。

读书如同喝酒，畅饮以求沉醉，细酌方品醇香。痴迷于美酒，喝得酩酊大醉，追求的是感官的满足，就像我们看电视、视频、抖音等，视觉和听觉带来信息灌输和刺激，并不需要大脑的思维训练活动。而读书无论是纸质书还是电子书，我们面对的是静止的文字符号，视觉神经把文字传递到大脑，需要经过读者的思维训练和逻辑思考，才能破译和解读，转化为具体的形象，领悟到内涵和美感。一旦我们心有所悟，静止的文字就会飞翔起来，具有了声音、色彩和灵性，大脑的屏幕就会呈现出一幅幅生动的画面。就像一个善饮者，喝酒时掌握分寸、喝得适量，细细品尝，自然喝出那种岁月的清幽和醇香。好读书、读好书，喜欢思考、善于反思，生活的甘泉和知识的圣水就会互相激荡，洗涤你身上的愚昧气、浑浊气、浮躁气，使你的心灵逐步开化、净化、智化。正如池田大作先生所讲："书籍并不是把外在的东西轻易地交给我们，而是促使我们把内在的东西喷涌出来。"一杯酒，是瞬间的浪漫，云烟散尽、依旧空荡；而一本书，则是一处长生的风景，常读常新。读书的愉悦，不是一时的快感，而是通过美的感受和认识而产生一种心灵的解放和理智的满足。不仅如此，读书，能让我们跨越空间之界、穿梭时间之维，与伟大的心灵对话，与壮阔的历史同行。书中的情趣、书里的风景、书外的故事、书人的心境，这种种美妙而隽永的精神享受，绝

　　　　　　　　　　　　　成就最好的自己

非品尝美酒相比拟。

　　读书如同吃水果，清新爽口、解渴抵饿。回想起来，我的读书习惯是在少年时期养成的，那时不知所以的阅读和背诵，至今还或多或少地镌刻于记忆之中，由此有了对书籍的喜爱和读书的兴趣。加上强烈的知识改变命运的信念和压力，以及摆脱"知识恐慌"、应对各种竞争和挑战，更加坚定了与书结缘、与书相伴。"少年若天性，习惯如自然。"几十年来，无论条件多差、时间多紧、任务多重，我都会与书为友：办公室有书柜、家中有书房、床头有好书，出差在外，旅行包里也会放上一两本，便于随时随地主动与书链接。"书卷多情似故人"。读书，对于我就像一日三餐般自然而然不可或缺，就像呼吸空气般吐故纳新不知不觉。离开了书，我会感到失落和空寂；手中有书，则会感到充实和亮丽。就如杨绛所说，"我的读书爱好不是为了拿文凭或者发大财，而是成为一个有温度、懂情趣、会思考的人"。我想，吃水果和读书，都是一种养生方式。每天坚持吃水果，有益于养颜美容、强身健体，提高生活的质量；每天坚持读书，丰富学识涵养、充盈精神世界，可以更好地认识自我、完善自我，提高生命的质量。所以，我深为清代嘉庆年间礼部尚书姚文田自题书房的对联点赞，"世间数百年旧家无非积德，天下第一件好事还是读书"。

　　"粗茶甜，菜根香，读书滋味长。"是的，读书的奇妙滋味和享受，只有读书之人才能真正领会和体悟。

少年的烦恼

"小小少年，很少烦恼，无忧无虑乐陶陶……"少年时光，生机勃发、春意盎然，那种对美好人生的憧憬、对美好生活的向往、对美好情感的追寻，那份热烈、那份青涩、那份纯真、那份执着，令人回味无穷。

如果说人的成长是一场永不设限的远行，那么，少年时期则是步履轻快且充满欢乐的行程。"少年不知愁滋味，爱上层楼"，"儿童散学归来早，忙趁东风放纸鸢"，"五陵年少金市东，银鞍白马度春风"……少年如花，鲜花绽开；"冰壶见底未为清，少年如玉有诗名"，"俱怀逸兴壮思飞，欲上青天揽明月"，"恰同学少年，风华正茂；书生意气，挥斥方遒"……少年如风，春风得意；"青春须早为，岂能长少年"，"少年易学老难成，一寸光阴不可轻"，"鲜衣怒马少年时，不负韶华行且知"……少年如歌，踏歌而行。

虽说少年不知愁为何物，但也有自己的烦恼，随着慢慢长大，烦恼接踵而来。我们读过德国作家歌德的小说《少年维特之烦恼》，这部小说描写了少年维特有着对个性解放和情感自由的强烈追求，但在封建专制制度下又无法实现自己美好愿望而陷入自卑、胆怯、苦闷、孤独的烦恼。时代在变革，社会在发展。今天的中国少年，既有着快乐的生活，又有着别样的烦恼。

前不久，我和教育部门的同志到中小学调研，一群带着蓬勃朝气又显出几分稚气的少年谈起自己的烦恼，虽说情形各异，但一样情绪激烈。"现在学习压力太大，整天做作业、答试卷，周末还要上各种补习班、兴趣班、培训班"，"我喜欢踢足球，喜欢在球场上比赛拼搏，喜欢听同学们的欢呼呐喊，喜欢汗流浃背后的畅快淋漓，但父母却逼着我们远离球场"，"最烦恼的是家长将我与其他人比较，总是说人家多乖巧、多优秀，说我多调皮、多愚笨"……学校"唯分是举"，家长望子成龙，使孩子学业压力越来越大，发展自我兴趣的空间越来越小；少年时期往往具有较强的自我意识和独立意识，对周围人的评价和承认十分敏感，当自我要求被压抑、自尊心受到伤害时，就会产生不安、抵触和对抗情绪。

面对这些"无奈学习""无法自主"的烦恼，青少年的情绪调节能力有限，往往难以自我纾解。家

成就最好的自己

庭本应是最好的缓冲和后盾，但社会竞争的压力传导到家庭，家庭又传导到孩子，加上有些家长和子女之间缺乏平等、坦诚的交流，孩子无法从家人身上获取力量，就会出现许多叛逆行为，如顶撞父母、逃避学习、离家出走，等等。不少正处于花样年华、应该快乐无忧的少年，正在被焦虑和抑郁等各种心理问题困扰。中国科学院心理研究所2021年3月发布的《中国国民心理健康发展报告（2019-2020）》显示，2020年青少年抑郁检出率为24.6%，其中重度抑郁为7.4%，从小学到高中，随着年级上升，抑郁检出率呈现抬高趋势。由此可见，今日少年之烦恼，必须引起全社会的高度重视。

成长是一个人生体验的过程，自有酸甜苦辣。烦恼，在每个人的成长道路上都会留下足迹。所以，"无奈学习""无法自主"的烦恼，实际上是少年成长的烦恼。在生活中勇于面对并淡化、征服和消除这些烦恼，是逐步成长、成熟、成人、成才的必经之路。

少年是明天的太阳。当太阳被乌云遮蔽，学校、家庭和社会应共同努力，以深情呵护、共情交流和真情引导，帮助他们解除烦恼、驱散乌云，托起明天的太阳。

深情呵护。少年的成长高度，决定了他的人生长度和厚度，关系到国家和民族的兴衰。因此，我们要饱含深情、凝心聚力，呵护他们健康成长。尊重和保障青少年依法平等享有生存权、发展权、受保护权、参与权和受教育权等权利，防范家庭、社区和校园暴力，建立对校园欺凌、性侵害、性骚扰行为的零容忍处理机制，及时发现并查处侵犯青少年合法权益的行为。特别是农村留守的少年儿童，缺少父母的陪伴和家庭的庇护，更需要得到社会的关爱和呵护。随着互联网的普及，中小学生通过互联网的在线学习、移动学习等学习模式越来越多地走进校园和家庭，但是不少人在上网过程中遭遇过炫富、色情、血腥暴力等不良信息。因此，要依法治理利用互联网、现代通信工具等传播不良信息、危害青少年身心健康的违法行为，为他们营造健康向上的网络空间环境。要采取切实措施，为少年减负减压。适度的压力对少年成长能起到较好的激励作用，但压力过大则适得其反。过度的学业压力、选择压力已成为少年"成长的烦恼"，全社会都要树立"成人比成才更重要""让孩子成为更好的自己"的观念，注重德智体美劳全面发展，淡化对于考试和分数的片面追求，消除"不上名校就要坠入社会底层"的恐慌，改变消极、内卷的社会心态。只要我们从关注孩子的"一时之得"转变为关注孩子的一生成长，人人参与，从我做起，就可以汇聚起深情呵护、托起太阳的强大合力。

共情交流。随着年龄的增长，少年的身心会发生许多变化，各种烦恼聚集成的叛逆就像一颗等待萌生的种子，在身体深处蠢蠢欲动。他们有了独立自主和保护个人隐私的意识，渴望成人世界认同自己的角色，并通过叛逆的行为来向世人昭示，自己已经长大，再也不是父母眼中的"小孩"，也不是他人随意操控的"棋子"了，这是青春期叛逆权威、张扬个性、展现自我的心理特点。在挣扎着成长的阶段，他们最需要的是内心的共鸣与共情。所谓共情，就是认同少年的感受，真诚地作出回应，以达到情与情的交融。共情交流，就要尊重理解，建立家长与孩子之间相互尊重和包容的新型亲子关系。每个少年都是一个独特的世界，需要家长、老师去发掘、探究并采取正确的打开方式。尊重他们的个体差异，回避相互比较；尊重他们的自主意识，了解他们的实际需求，减少过多的干预，给他们更多自主学习、自由发展的空间，就是打开少年世界、开启成长之门的一把钥匙。共情交流，就要平等互动。不讲平等，就会有隔阂；缺乏互动，就会有距离。少年渴望他人的认同、肯定和赞赏，希望向好友敞开心扉、诉说衷肠，排解苦闷、孤独和烦恼。所以，家长和老师应以同辈和朋友的姿态，与他们进行持续的感情交流和思想互动，而不应以长辈的身份居高临下、训斥管教，更不能在他们身上发泄负面情绪。平等互动的共情交流，就可以帮助少年养成健康的身心和健全的人格，安全度过成长过程中的磨难，为青春奋斗积蓄更多的能量。共情交流，就要换位思考。家长要站在孩子的角度，体察他们的所思所想，将心比心，推己及人，作出科学合理的回应，有了误会真诚说明、有了意见及时提出、有了问题诚恳批评，批评应照顾到少年的情绪和自尊，情理结合、平心静气、双向讨论，使批评有理性、有温度，才能为他们的成长校正方向、增加助力。

真情引导。处在世界观、人生观、价值观形成和发展重要时期的少年，由于缺乏社会经历和经验，面对人际关系的复杂和以后就业的压力，更容易对未来感到迷茫，更渴望集体的温暖和真情的引导。同时，他们的身心正在发育之中，可塑性也很强，只要在关爱中因势利导，就会点燃他们身上的火种、激发他们潜在的能量，在通向梦想的道路上茁壮成长。要把好"思想之舵"。立足于少年一生的成长目标，帮助他们扣好人生的第一粒扣子，才能避免"失去灵魂的卓越"。无论是学校、家庭还是社会，都应在注重知识传授的同时，引导青少年胸怀理想、志存高远，培养积极的人生态度、良好的道德品质、健康的生活情趣。要厚植家国情怀。家国情怀是中华民族优秀传统文化的鲜明标识，崇尚天下为公、克己奉公，信奉天下兴亡、匹夫有责，强调和衷共济、风雨同舟，倡导守望相助、尊老爱幼，讲求自由与自律相统一、权力和责任相统一。在青少年中厚植爱国爱家、勇于担当的家国情怀，才能把小我融入大我，成长为中国特色社会主义事业的建设者和接班人。要养成阅读习惯。赫尔曼·黑塞说过："世界上任何书籍都不能带给你好运，但它们能让你悄悄成为最好的自己。"养成良好的阅读习惯，多读书、读好书，能够丰富知识、增长见识、充盈心灵，会让少年今后的人生出彩带来更多的机会和可能。少年需要温暖，也要成为阳光。为人父母者，是孩子的榜样和标杆，要不断提升自己，与他们一起成长。你越积极进取，孩子越勤奋上进；你越坦诚友善，孩子越感恩善良。真情引导，就是要点燃少年心中的柔光，让它温暖自己，也照亮别人。

梁启超先生在《少年中国说》中写道："少年智则国智，少年富则国富，少年强则国强，少年独立则国独立，少年自由则国自由，少年进步则国进步，少年胜于欧洲则国胜于欧洲，少年雄于地球则国雄于地球。"让我们着眼于国家和民族的未来，以春风雨润，助力少年破解烦恼，护航少年健康成长。

青春的旋律

　　青，是生命的颜色，春，是成长的季节，而青春则是人生季节中最旖旎绚烂的光景，她孕育着早春的生机、展现着盛夏的热烈、蕴含着金秋的硕实、昭示着严冬的希望。正如1915年陈独秀先生在《新青年》创刊号的文中所写："青春如初春，如朝日，如百卉之萌动，如利刃之新发于硎，人生最宝贵之时期也。"

　　在历代文人的眼里和笔下，青春是一首字字珠玑的诗，是一幅五彩缤纷的画，是一曲荡气回肠的歌。"青春几何时，黄鸟鸣不歇"，"白日放歌须纵酒，青春作伴好还乡"，青春是那样的恣意欢快；"恰同学少年，风华正茂，书生意气，挥斥方遒"，"自信人生二百年，会当击水三千里"，青春是那样的不羁豪迈；"白日不到处，青春恰自来"，青春是那样的质朴纯真；"少年信美何曾久，春日虽迟不再中"，"楼外垂杨千万缕，欲系青春，少住春还去"，青春又是那样的稍纵即逝。如果说人生如画，那么青春就是最绚丽的一抹；如果说人生如歌，那么青春就是最

　　　　　　　　　　　　　　　　　成就最好的自己

美妙的乐章。

　　青春之歌为什么如高山流水、珠落玉盘，优美动听、不绝如缕，因为她用跳跃的音符谱写了人生悠扬回响的旋律。

　　青春的旋律是自由奔放的。在任何一个时代，青年都是社会中最富有朝气、最富有创造性、最富有生命力的群体。他们就像快乐的小鸟，无论飞到哪里，都会一路风轻云淡、一路欢声笑语。青年不惧山高路险，就像傲视群山的雄鹰，那对未来充满好奇的兴致、不安于现状的执着和不拘泥陈规旧律的倔强，无不展示出青春的自信：相信自己行，相信未来能。"年轻的朋友们，今天来相会，荡起小船儿，暖风轻轻吹……"自由奔放的旋律，表达了年轻人对未来的无限向往和憧憬；"年轻的心迎着太阳，一同把那希望去追，让光阴见证，让岁月体会，我们是否无怨无悔……"浓浓的青春气息和时代质感有机交融，在音符中舒展着、跃动着。我的青春我做主。"青春是创造出无限可能的代名词"。作为青春的主角，需要在坚定自信、播种梦想的同时，以只争朝夕、时不我待的紧迫感，自我加压，苦练"内功"，为青春扬帆远航加油助力。因为时代风云际会，机遇与挑战并存，唯有不断学习、积累和更新知识，强化自己适应时代和抢抓机遇的能力，才能在奔腾不息的时代潮流中逐浪前行。孔子说过："少年若天性，习惯成自然。"青春年少时养成勤奋读书、独立思考、坚持运动、优雅生活的良好习惯和自立自强、勇于担当、以诚待人、与人为善的文明素养，就会像天性一样，渗透在自己的血液中，成为骨子里的修炼。日积月累，方得始终；你若盛开，蝴蝶自来。追逐梦想，无关职业、境遇，只要坚持，谁都会了不起。青春的岁月有了优秀文化和优良习惯的滋养，青春的脚步就会行云流水、海阔天空。前不久，媒体报道了一位初中学生给文昌卫星发射中心写信的事。2020年3月16日，文昌卫星发射中心长征7号甲遥一运载火箭飞行出现异常、发射任务失利后，这位爱好航天的初中生给发射中心科研人员写了一封信，谈了他观看发射录像的感想，并分析了可能存在的发射失利原因。长征7号总设计师看了这封信，认为他的分析推理很有逻辑，见解也很独特。这位初中学生从小就编织了自己的航天梦，热爱航天事业，学习航天知识，他以强烈的兴趣爱好和知识积累，在逐梦前行中唱响了属于自己的青春旋律。

青春的旋律是浪漫灵动的。作家杨沫在《青春之歌》中，描写了青年知识分子林道静从苦闷、彷徨到坚定、坚强，走上革命道路，成为革命战士的曲折历程，也成就了从躁动、迷茫到钟情、连理的浪漫爱情之旅。这部小说在引导人们如何学习、如何生活、

成就最好的自己

如何成长、如何战斗、如何找到人生出路、如何追寻纯真爱情等方面，深深地打动和影响了几代青年。是的，每个人的青春都会有青涩躁动，也会有激情涌动。如果说激昂劲爆是青春旋律中最富有表现力的高声部，那么浪漫舒缓则是青春旋律中最富有感染力的低声部。青春年少时，每个人都有自己的小秘密：有她遇见他时的紧张脸红，有他与她擦肩而过的伤感失落，有她在篮球场上为他呐喊鼓掌，有他对着站在舞台上的她目不转睛，还有她或者他为了赶上对方的成绩常常到图书馆占座……那一段青涩的暗恋，也许未能携子之手，浪漫而温馨地漫步于桃红柳绿之中，但青春过后，成熟的爱情果子里一定会带有青涩的酸甜，耐人回味。正如王蒙《青春万岁》的诗句："是转眼过去的日子，也是充满遐想的日子，纷纷的心愿迷离，像春天的雨，我们有时间、有力量，有燃烧的信念，我们渴望生活，渴望在天上飞。"无论是爱情还是事业，并不是每段情感都有如愿的归依，并不是每件事情都有完美的结局，很可能没有努力和期待的那份惊喜，没有接受鲜花和掌声的舞台，我们仍然平凡如旧，但在浪漫灵动的青春旋律中，我们都有着一颗火焰般炽烈的心。曾经的叛逆与疯狂，曾经的辛酸与眼泪，曾经的浪漫与喜悦，曾经的感动与梦想，都会留下值得珍藏一生的回忆。

青春的旋律是激昂铿锵的。处于青春时期，每一根血管里都涌动着热情洋溢、活力四射的血液，推动着你敢为人先、敢于挑战，无所畏惧、勇往直前，这就是奋斗的资本。现在，有些青少年把时间花费在网络游戏、消耗在感官享受、沉湎于酒色歌舞……其实，这是在浪费一生最宝贵的财富。马克思曾经指出："青春的光辉，理想的钥匙，生命的意义，乃至人类的生存发展，全包含在这两个字之中：奋斗！只有奋斗，才能治愈过去的创伤；只有奋斗，才是我们民族的希望和光明所在。"时间之河长流不息，每一代青年都有自己的际遇和机缘，都要在自己所处的时代条件下谋划人生、创造幸福，唯奋斗者进，唯奋斗者强，唯奋斗者胜。有梦想、有机会、有奋斗，一切美好的东西都能创造出来。星河之所以璀璨，是因为组成星河的一颗颗星星燃烧自己发出的耀眼光芒；大海之所以澎湃，是因为汇聚大海的一朵朵浪花奋力扑岸折射的晶莹透亮。国家的富强、民族的振兴，需要每个有志青年的主动付出和自觉奉献。当一个人的青春融汇到时代的洪流之中，就会随着时代的脉搏跃动，鸣响出动人的和弦。100多年前的五四运动，是青年学生为了中华民族的民主、科学、自由、独立挺身而出，他们以激情和热血，凝聚成爱国主义的精神火炬，点亮了救亡图存、振兴中华的征程。五四运动

成就最好的自己

以来，一代又一代有志青年心系民族命运、国家发展和人民福祉，用青春书写了"青年者，国家之魂"的壮丽篇章，那些战斗英雄、劳动模范、科技标兵、大国工匠、创业先锋……都是奉献青春的身影。面对突如其来的新冠肺炎疫情，许多"90后""00后"医护人员以生命赴使命、用大爱护众生，使青春绽放出光彩耀人的绚丽之花。迈入新时代，为青春奉献孕育了更多机会、搭建了更大舞台、提供了更多选择。青春逢盛世，奋斗正当时。尽管我们在前进的道路上荆棘丛生、困难重重，但正如李大钊先生所说："青年之字典，无'困难'二字；青年之口头，亦无'障碍'之语。""你们所多的是生力，遇见深林，可以辟成平地的，遇见旷野，可以栽种树木的，遇见沙漠，可以开掘井泉的。"鲁迅先生曾如此寄语中国青年。在激昂铿锵的青春旋律中，实干为要、奋斗无价。越是在困难和风险面前不放弃、不退缩、不止步，迎难而上，勇攀高峰，就越能体验拼搏的意义、展现青春的风采。

"青春啊青春，富含火热的激情，充满人生的渴望。我要敞开亮丽的歌喉，唱出青春的旋律，放飞心中的梦想。"青春易逝，岁月难再。但只要我们不忘初衷、不负韶华，做最好的自己，就一定能够"历尽千帆，归来仍是少年"。

信仰的源动力

中国共产党已经走过了波澜壮阔的100年。百年征程披荆斩棘，百年初心历久弥坚，百年历史苦难辉煌。

不久前，我到贵州遵义参观遵义会议陈列馆，看到了红军长征的一幅幅画面和一组组数字，心灵无比震撼。是什么力量，让几万名衣衫褴褛、食不果腹的红军战士，突破围追堵截跨越14个省，进行了600余次战役战斗，走过荒无人烟的沼泽草地，翻过绵延起伏的40余座高山险峰，行程达两万五千里，历时共742天，创造了人类历史上的伟大奇迹？从中国共产党100年奋斗与牺牲的历史中，我们找到了答案：这就是信仰的源动力。

信仰是对某种主张、主义极度信奉和崇敬，并以此作为自己的行动准则。这是人类精神世界的最高追求。力量由多种要素组成，如身体体能、物质装备、信仰、意志等。物质的力量是有限的，而精神的力量是无穷的，特别是支配人的行为的信仰和意志，有着神奇和伟大的力量。

信仰是人生航程中的灯塔，也是一个政党、一个民族的精神大厦，它能引领人昂扬向上、感召人奋发图强、激励人勇敢前行。阿基米德说过："给我一个支点，我就能撬起整个地球。"信仰，便是人生的支点。

信仰的动力穿越心灵。人的信仰需求，根植于人的内心对自身命运的忧虑，以及对未知世界的关注、好奇、向往和追求。信仰不会从天而降，也不能凭空产生，而是一种理性的选择。科学的信仰是对真理的崇尚和追求，而不是对任何偶像、宗教教义的盲目崇拜。没有理性反思"因真而信"，就只能是朴素的、感性的认同，或者是冲动的、盲从的迷信。对理论的认识彻底，信仰的根基才会牢固。唯物史观和剩余价值学说是马克思主义的两大历史性贡献，深刻揭示出人类社会发展的一般规律，对人民的自由与解放、世界的进步与发展具有重要的理论指导价值，是中国共产党人信仰的根本来源。而实现中华民族优秀传统文化与世界先进文化的交融、把马克思主义同中国国情结合起来，为中国人民谋幸福、为中华民族谋复兴，信仰就有了最为坚实的寄托和最为根本的归宿。对马克思主义和共产主义的信仰，是对人类社会发展规律的敬畏，是对揭示这种规律的客观真理的信服。知之愈明，信之愈真，则行之愈笃。有了理论上的清醒坚定、价值上的最高追问，这种信仰就能够穿透心灵，至信而深厚、虔诚而执着。

长征途中，中央红军连基本的武器装备、军队补给都很困难，面对极为悬殊的敌我形势，面对战斗和自然的各种风险挑战，正是有了共产主义的崇高信仰，懂得了"为谁扛枪、为谁打仗、为谁牺牲"的革命道理，才有了一往无前、勇于胜利的必胜信念，才有了"敌军围困千万重，我自岿然不动"的从容气概，才有了"红军不怕远征难，万水千山只等闲"的万丈豪情。著名哲学家柏拉图曾说过："我们若凭信仰战斗，就有了双重武器。"有了扎根于心灵深处、融化在血液中的信仰，就有了永不枯竭的力量之源，就能够谱写出惊天地、泣鬼神的历史篇章，"为什么我们总是热泪盈眶，因为我们的血为祖国流淌。"

信仰的动力穿越生死。选择信仰是艰难的，坚守信仰更加艰难。在坚守的路上，到处坎坷陷阱、遍地荆棘丛生。信仰需要勇往直前的血性来彰显，需要在血与火的考验中来淬炼。有了在坚守中淬炼的信仰，就有了无坚不摧的意志、有了穿越生死的力量。我们从影视作品《觉醒年代》《中流击水》《大浪淘沙》《百炼成钢》中可以看到，在艰苦的革命岁月中，尽管有人落荒颓唐、有人倒下牺牲，但更多的人站起来无惧生死、逆浪而行。他们初心如磐、信仰如山，用血肉之躯冲破旧世界的牢笼，托举起一个崭新的中国。面对绞刑架，李大钊慷慨激昂地发表了最后一次演说："不能因为你们今天绞死我，就绞死了伟大的共产主义。我们深信，共产主义在世界，在中国，必然得到光辉的胜利。"面对高官厚禄的利诱和死亡的威胁，方志敏大义凛然，在牢房里写下："敌人只能砍下我们的头颅，决不能动摇我们的信仰！因为我们信仰的主义，乃是宇宙的真理。"还有在敌人监牢里受尽酷刑、宁死不屈的江姐，在敌人铡刀前视死如归、从容就义的刘胡兰，为苏维埃新中国流尽最后一滴血、断肠而死的陈树湘，在弹尽粮绝时舍身跳崖的狼牙山五壮士……正是共产主义的信仰之光，使一批批共产党人成为愿意为理想而献身的"用特殊材料做成的人"。习近平总书记指出："对共产主义的信仰，对中国特色社会主义的信念，是共产党人的政治灵魂，是共产党人经受住任何考验的精神支柱。"一个人有了这种高于天的信仰和理想，即使身处黑暗，依然迸发光芒；即使陷入逆境，依然满怀希望；即使面临死亡，依然高歌刑场。

信仰的动力穿越时空。信仰不是空洞的口号和说教，具备鲜明的实践指向和传递功能。对科学真理的追求和传播、对科学信仰的矢志践行，能够感染、吸引一代又一代人薪火相传、接力奉献，汇聚成穿越时空、团结奋进的磅礴伟力。

中国共产党从小到大、从弱到强，从石库门到天安门、从兴业路到复兴路，之所以历经百年，风华正茂，饱经磨难，生生不息，就是因为从党的一大时几十名党员到今天的9500多万党员，共赡一个信仰，以恒心守初心，以生命赴使命，用不懈的奋斗谱写出了一曲曲荡气回肠、可歌可泣的英雄史诗。从建党精神、井冈山精神、长征精神、延安精神、西柏坡精神到雷锋精神、大庆精神、"两弹一星"精神、载人航天精神……中国共产党人以坚不可摧的信念、坚强不屈的意志、坚持不懈的奋斗，熔铸了光耀千秋的信仰丰碑。正是有了以生命践行信仰、接力传递信仰的带头人，跟随党的队伍才会越走越长。

信仰穿越时空，延伸到无限的未来，永远烛照着我们的征程。新时代的长征路上不可能一帆风顺，中华民族伟大复兴绝不是轻轻松松、敲锣打鼓就可以实现的。胜人者力，自胜者强。只有让信仰的旗帜始终高高飘扬，我们才能坚守初心、牢记使命，踏平坎坷、奋发向上，收获更加美好的人生，创造新时代的辉煌。

信仰，象征着我们生命的意义和价值，是每个人成为最好的自己的动力源泉。正如黑格尔所说，一个民族有一群仰望星空的人，他们才有希望。把个人理想与民族大义结合起来，在信仰的旗帜下追逐自己的梦想，或许你只是一滴水，汇入民族复兴的浪潮，就一定会爆发出冲出绝壁、奔涌向前的非凡力量。无论中国怎样，请不要忘记，你站立的这片土地，就是你的祖国。你是怎样，中国便怎样；你是什么，中国便是什么；你有信仰，中国便充满力量。

涵养家国情怀

何谓"家国情怀"？《说文解字》曰："家，居也；国，邦也。"情怀，则是一种情感，一种心境，一种认同感、归属感。家国情怀，实际上就是由己及家、由家及国、家国一体的思想理念和精神追求，是一个人对自己国家一种高度的认同感、归属感、责任感和使命感。

家是国的基础，国是家的延伸。家，是我们每个人心灵深处最温暖、最柔软的地方，因为家是人生的驿站、生活的乐园，也是避风的港湾。无论历史如何沧桑、世界怎么变样，谁也无法淡漠对家的那种刻骨铭心的钟情与眷恋。不是吗？在今天的中国，春节"回家过年"、中秋"回家团圆"，那都是地球上最大规模的人类迁徙。任你一次次远行启程时的兴奋，怎么也比不上回家时那种归心似箭的焦渴与激动；任你功名显赫、权势炙热、钱财万贯，怎么也比不上家庭餐桌上的欢声笑语、夫妻床头的缠绵温馨和儿女绕膝、含饴弄孙的天伦亲情。家，是人生幸福的真正泉源。

"家和万事兴"。没有一个和谐的家，你就难有健全的人格；没有一个美满的家，你就缺乏进取的激情；没有一个幸福的家，你就没有快乐的心境。

国家富强、民族复兴、人民幸福，不是抽象的，而要体现在千千万万个家庭都幸福美满上。家庭，既是家人居住之所，更是心灵栖息之地。从家的组成要素来看，爱情是基础、责任是梁柱、包容是屋顶。所以，一个家庭幸福美满，不在于是否名门望族，也不在于是否庄园豪宅，而主要是家庭成员之间的和美和优良家风的养成。从这个意义上说，家又是一份沉甸甸的责任。涵养家国情怀，托起家的责任，应该在"爱""建""孝"三个字上聚焦发力。一是"爱"。家是爱的聚合体，有爱而聚，无爱而散。婚姻的爱巢需要用爱来呵护和包容，家庭的和谐需要用爱来浇灌和滋养。家庭成员之间相互信任、相互尊重、相互宽容，真心相待、真情相处、真诚相爱，才能使家的氛围如沐春风一样温暖。二是"建"。爱的本质是付出和给予，注重家庭建设是其重要落脚点。重视家庭建设，既体现在物质基础，也体现在精神层面；既要营造舒适的生活环境，也要养成良好的家教家风。要精心经营婚姻、尊崇家庭美德、倡导文明家风。家庭是社会的基本细胞，是人生的第一所学校。家长有责任言传身教、身体力行，教育和引导孩子在耳濡目染中扣好人生第一粒扣子、迈好人生第一个台阶。三是"孝"。在家尽孝、为国尽忠，是家国情怀的核心基因。"夫孝，德之本也。"自古以来，中华民族就重视亲情、尊老爱亲，倡导老吾老以及人之老、幼吾幼以及人之幼。在进入老龄化社会的今天，家庭的幸福美满，一个重要标志就是孝敬老人、关爱老人、赡养老人，让老年人的晚年生活有保障、有尊严、有快乐。

正像一首歌唱的那样，"家是最小国，国是千万家；有了强的国，才有富的家"。在中国人的精神谱系里，国家与家庭、社会与个人，都是密不可分的整体。没有国家的繁荣稳定和民主富强，就谈不上家庭的幸福美满。

俗话说："覆巢之下，安有完卵"，"国之不存，家将焉附"，"雪崩之时，没有一朵雪花是无辜的"。经历过瓜分豆剖、国破家亡的中华儿女，比任何人都更加深刻地理解家国一体、休戚与共的道理。"位卑未敢忘忧国，事定犹须待阖棺"，"苟利国家生死以，岂因祸福避趋之"……从古到今，家国情怀积淀在一代代中国人的血脉深处，汇聚成救亡图存、振兴中华的强大精神力量。

庚子新春，是我们渴盼已久的家人团聚、亲友欢聚时光，但面对突如其来的疫情，广大军队战士和地方医护人员闻令而动、迎难逆行，广大党员干部无私忘我、冲锋在前，广大群众守望相助、团结奋战……全国动员、全民参与、群防群治、联防联控，打响了一场疫情防控的人民战争。这场不见硝烟的战争，需要人们舍弃小家为大家，有危险也有牺牲，但没有人退缩。中国人的家国情怀，在共同抗击疫情中得到了充分的展现和诠释，也在抗击疫情斗争中得到了进一步的淬炼和升华。

传承和弘扬中华民族优秀文化，涵养和厚植家国情怀，既是我们升华人生境界、实现人生价值的必修之课，也是我们奋进新时代、书写新篇章的动力源泉。

由家及国、家国一体的修心修身。孟子有言："天下之本在国，国之本在家，家之本在身。""修身"是"齐家治国平天下"的基础。涵养家国情怀，并不是要我们抛却小家，忘却家人，而是要我们推己及人，由家及国，由国及天下，拓展自己的人生境界。古人云："立志而圣则圣矣，立志而贤则贤矣"。行大道，立大志，把自己的小我融入国家的大我、人民的大我之中，就有了志存高远的宽广胸怀。修心修身，就是要用知识的精华丰盈自己的心灵、用道德的砥砺提升自己的情操、用"吾日三省吾身"健全自己的人格，在自由而全面的发展中、在丰富而多彩的实践中，不断改造和超越旧我、更新和创造新我，不断使小我升华为大我。

内化于心、外化于行的爱国爱民。家国情怀，是"天下兴亡，匹夫有责"，是祖国至上、人民至上。"对国家的忠，就是对父母最大的孝。"一位共和国勋章获得者曾这样形容尽忠与尽孝的关系。是的，先国后家、为国而家、舍小家保国家，是中华民族特有的价值逻辑。邓小平"我是中国人民的儿子，我深情地爱着我的祖国和人民"；习近平"我将无我、不负人民"，其爱国爱民的赤子情怀溢于言表。常怀爱民之情、常思兴国之道、常念复兴之志，是中国共产党人家国情怀的生动写照。爱国爱民是具体的、实践的，更是主动的、自觉的，必须内化于心、外化于行。要把爱国之情、强国之志、报国之行融入坚持和发展中国特色社会主义事业、建设社会主义现代化强国、实现中华民族伟大复兴的奋斗之中，在本职岗位上历练成长、在平凡工作中创造非凡、在尽职尽责中奋发有为。厚植家国情怀，自然要延伸、拓展为天下情怀，立足中国又面向世界，为构建人类命运共同体作出应有的贡献。

敢于担当、勇于奉献的自立自强。家国情怀，绝不是浪漫的文学书写，而是根植内心的精神归属，是从孝亲敬老、兴家乐业的责任走向济世救民、匡扶天下的担当。新时代是奋斗创造历史、实干成就梦想的时代。美好的梦想不是在纸上写出来的，也不是喊口号喊出来的，而是自立自强、艰苦奋斗，与时代共奋进、与祖国共命运、与人民共发展中实现的。奋斗和实干是立身之基、立德之本、立业之道。自立自强，才能开创无限美好的生活，才能收获丰盈充实的人生。在抗击疫情中，为什么一句"现在，轮到'90后'来保护大家了"收获无数点赞，因为敢于担当、勇于奉献的自立自强最可敬、最感人。"一玉口中国，一瓦顶成家；都说国很大，其实一个家。"国是千万个家的集合，是无数个体的放大。当更多人把建功立业的成果挂在祖国这个大树上，这棵大树便会枝繁叶茂、果实累累，挺拔屹立于世界之林。

"亦余心之所善兮，虽九死其犹未悔。"精神有了归属，生命就有了意义。家国情怀宛若川流不息的江河，流淌着中华民族的精神道统，滋润着我们的精神家园，有了它的丰润和涵养，我们一定能抵达更高的人生境界，书写精彩的人生华章。

厚植节俭美德

中华民族历来以勤劳节俭著称于世。历代先贤和中华儿女在创造了灿烂文明的同时，也从历史变迁、世事兴衰中，深刻地认识到，勤俭节约是安邦定国的定海神针、持家立业的传家之宝。诸葛亮将"静以修身，俭以养德"作为"修身"之道，朱子将"一粥一饭，当思来处不易；半丝半缕，恒念物力维艰"作为"齐家"训言，中国共产党人则将"勤俭建国，厉行节约"作为"治国"经验。

英国作家萧伯纳曾经说过："节俭乃充分利用生命之艺术，崇尚节俭乃诸美德之本。"无论是物资匮乏的年代，还是生活优渥的时光，节俭都是永不过时的美德。它不仅传承着中华优秀传统文化，而且作为一种修养和品质，影响着每个人的人生格局。但是，环顾我们身边，从日常餐饮到社会生活各领域，浪费现象仍然触目惊心：

一些人喜欢讲排场、爱攀比、好面子，无论是公务接待、红白喜事、亲友聚餐，总感觉"光盘"显得

"寒酸", "剩宴"才是"盛宴", 于是各种宴会、餐食订得多、吃得少, 没吃完不打包, 吃不了都倒掉, 大量食物被扔进了垃圾桶。据统计, 我国每年浪费的粮食约3500万吨, 这个数字接近我国粮食总产量的6%。城市餐饮业仅餐桌上食物浪费量就高达1700万至1800万吨, 相当于3000万至5000万人一年的食物量。

有些人未富先奢, 他们积蓄有限, 却热衷于昂贵的奢侈品, 超前消费甚至举债消费, 使他们自己成为"月光族", 也使我国成为世界上奢侈品最大的销售国和消费国。

还有的人被光怪陆离的网络消费宣传所吸引和刺激, 陷入了网购"剁手"的浪费之中, 冲动型、透支型消费, 买了许多还没拆封就已忘之脑后的东西, 囤了不少可买可不买的物品。

至于在日常生活中, 不合口味的饭菜就倒掉、看不顺眼的衣物就扔掉, "长明灯""长流水"等浪费现象更是不胜枚举。

社会上出现的这些浪费行为, 其原因是多方面的, 但根本在于社会价值观的偏离。伴随着我国综合国力的大幅提升和人民生活水平的不断提高, 享乐主义、消费主义、拜金主义有所滋生蔓延。有的是攀比心理和虚荣心作祟, 超越现实、任性消费, 以奢为荣、追求享乐；有的是未经历过艰难困苦岁月和物资匮乏时期，对勤俭节约的传统价值和道德观认知度较低；有的是缺乏责任感，认为花钱多少、如何消费纯属个人行为，对去奢崇俭的重要性认识不足；此外，一些先富起来的人通过高消费奢侈品斗富比阔、炫耀财力地位，一些餐馆饭店设置最低消费门槛鼓励顾客超量消费，一些网络直播过度包装、极度美化诱导超前消费等，助长了铺张浪费、奢靡之风等不良社会风气。

"俭则约，约则百善俱兴；侈则肆，肆则百恶俱纵。"铺张浪费、奢靡挥霍，糟蹋的不仅是物质财富，更会扭曲我们的价值取向，侵蚀民族的精神大厦。因此，厚植节俭美德，大兴勤俭节约之风，已成为当今社会必须高度重视的重要课题。

节俭，是一个国家、民族强盛的根本。"历览前贤国与家，成由节俭败由奢"，"国，以俭得之，以奢失之"。建设社会主义现代化国家，实现中华民族伟大复兴的中国梦，需要全民养成节约习惯和勤俭之风。

节俭，是一个家庭富裕幸福的"密码"。"学问勤中得，富裕俭中来。""兴家犹如针挑土，败家好似浪淘沙。""街头庙脚褴褛身，半是当年奢靡人。"如果一个人整天花天酒地、畸形消费、铺张浪费，就会导致败家毁业。所以，家庭的幸福安康离不开开源节流、勤俭持家的良好家风。

节俭，是一个人成长成功的基石。宋代史学家司马光在《训俭示康》中写道："俭，德之共也；侈，恶之大也。""侈则多欲，君子多欲则贪慕富贵，枉道速祸；小人多欲则多求妄用，败家丧身；是以居官必贿，居家必盗。"养成勤俭节约的美德，就会懂得自我约束，知道感恩馈赠，将坦然、简约的生活作为一种时尚，而不去追求奢侈豪华的光鲜外表，就会提高修养、健全人格，练就吃苦耐劳、不屈不挠的意志品质，在艰苦奋斗中实现自己的人生价值。

节俭，不仅是一种美德，更是一种远见和智慧，是对他人劳动和劳动成果的尊重，对自己和子孙后代的负责，也是对自然生态的敬畏和对可持续发展的身体力行。大家一定都看过这样一则公益广告：电视画面上有一个没关紧的水龙头，滴水的速度越来越慢，最后水枯竭了，画面上出现了一双眼睛，从眼中流出一滴泪，随之有了一句发人深省的话："如果人类不珍惜水，那么我们能看到的最后一滴水将是我们自己的眼泪。"大自然赋予了人类繁衍生息的物质条件，但地球的资源是有限的，如果无度索取和浪费资源，必然破坏人类生存的根基。唯有"常将有日思无日，莫待无时思有时"，节约每一粒粮食、节约每一点资源，聚沙成塔、集腋成裘，才能有备无患、抵御风险，确保我们自己以及子孙后代的饭碗牢牢端在自己手上。

古语说："玉不琢，不成器；人不学，不知义。"一个人的节俭德行，需要长期教育和灌输，整个社会的节俭风气也需要精心培育和引导。

厚植节俭美德，要注重家风传承。家风是一个家庭长期培育形成的文化和道德氛围，有一种强大的感染力量，潜移默化地滋润着人们的心灵，塑造着人们的品格。家庭是人生的第一个课堂，父母是孩子的第一任老师。将勤俭节约融入家风，培养节俭生活习惯，不仅是倡导一种健康的生活方式，更是让孩子在其中涵养"克勤与邦、克俭于家"的道德品质。当家长一次次把掉在桌上的饭粒捡放进碗里时，孩子的心灵会慢慢升起对食物的敬畏，知道了节约粮食的重要。我们很多人懂得节约，都是因为儿时背过"谁知盘中餐，粒粒皆辛苦"，唱过"我在马路边捡到一分钱"，都被父母提醒过"花钱要量入为出，购物要物尽其用"。"习惯之初如蛛丝，习惯之成如绳索"。如果不注重家风传承，不从儿时抓起，不从小处着眼，任由铺张浪费成为孩子根深蒂固的习惯，就有可能积习难改、积重难返。因此，通过"大手"拉"小手"，言传身教带动孩子和全体家庭成员树立节约为荣、浪费可耻的家庭观念，把节约美德刻在家门家风上、代代相传，无论对个人成长还是对良好社会风尚形成都大有裨益。

厚植节俭美德，要注重实践养成。节俭美德不是空洞的说教，重在实践的养成。只有把勤俭节约落实到生产建设各领域、社会生活各方面，内化为人们的精神追求、外化为人们的行为自觉，才能让"戒奢以俭"的价值理念真正深入人心、蔚然成风。各行各业、各个群体都要把勤俭节约的精神融入各自的工作中，融入日常生活中、融入平时行为上，从我做起、从现在做起、从点滴做起，积极践行简约适度、绿色低碳的生活方式，从落实"光盘行动"到节水节电节气，从"当用则万金不惜，不当用则一文不费"的理性消费到"能走不骑、能骑不坐、能坐不开"的绿色出行，并持之以恒、久久为功。如果人人都躬行节俭、不弃微末、不舍点滴、日积月累，就会滴水成河、粒米成箩，使节俭成为我们的价值取向、精神气质和行为方式，并在节俭美德的实践中领悟崇高、感受光荣，提升精神境界、培育文明风尚。

厚植节俭美德，要注重营造环境。厉行节约、反对浪费，既迫在眉睫，又任重道远，需要多管齐下、常抓不懈。要大力弘扬中华民族勤俭节约的优良传统，大力宣传"克勤克俭"的先进典型，形成强烈的舆论氛围；党政机关和党员干部应以身作则、率先垂范，勤俭办一切事业，为全社会作出表率；要坚持德法共治，以踏石有印、抓铁有痕的劲头治理餐饮浪费和各种奢靡之风，建立健全鼓励节约、整治浪费的长效机制，消除未富先奢、炫富竞奢的土壤。在全社会营造浪费可耻、节约为荣的环境，就可以让更多人自省自励、引为镜鉴，实现从"要我节俭"到"我要节俭"的转变，使勤俭节约成为新时代砥砺奋进的一种鲜明特质。

今天我们强调要厚植节俭美德，并不是要人们抑制消费，要反对人们讲究生活质量、追求生活的舒适和新潮，更不是要人们去吃糠咽菜，回到过去的苦日子，而是要在追求美好生活的过程中，确立科学理性的消费方式和健康文明的生活方式，"取之有度，用之有节"，不奢侈，不浪费。"艰苦奋斗、勤俭节约，不仅是我们一路走来、发展壮大的重要保证，也是我们继往开来、再创辉煌的重要保证。"只要我们厚植节约美德，始终如一地崇俭抑奢，就会迎来更加幸福美好的明天。

戒除浮躁之气

浮躁，顾名思义就是轻浮急躁。古人云："心浮则气必躁，气躁则神难凝。"浮躁是一种不沉稳、不冷静、不踏实、不健康的心理、情绪和精神面貌。

在现实生活中，不少人存在着浮躁的弊病：表现在心态上，缺乏定力、急功近利。得失心重、妒忌心强，在各种诱惑面前心理失衡、容易冲动，顺境时往往心高气傲、忘乎所以，逆境时往往心灰意冷、随波逐流。表现在学习上，缺乏耐力、心猿意马。静不下心、安不下神、坐不下来、学不进去，热衷于快餐文化，浅尝辄止，不愿意下苦功夫学以致用。表现在作风上，缺乏毅力、急于求成。好高骛远、眼高手低，大事做不来、小事不肯做，坐而论道、华而不实，总想走捷径、找窍门、搞投机，企图一举成名、一夜暴富。表现在工作上，缺乏实力、敷衍了事。志大才疏、患得患失，不敢担当、无所作为，眼界不宽、劲头不足、标准不高、得过且过。调查研究蜻蜓点水、流于形式，走马观花、浮光掠影，开展工作粗枝大叶、大而化之，怠惰因循、敷衍塞责，习惯于提新口号、摆花架子，倾情于搞花拳绣腿、图表面光鲜，甚至弄虚作假、欺上瞒下。

浮躁之人症状不一、病因各异，但都涉及社会治理和自我修养。浮躁之人往往是缺乏自身安全感的人。在发展日新月异、社会竞争加剧、生活节奏加快的今天，机遇与挑战并存。如果害怕发展中落伍、担心竞争中淘汰，过度焦虑不安、过分与人攀比，急于立竿见影、功成名就，就会患上浮躁之病。浮躁之人，往往是责任感不强、功利心太重的人。在市场经济条件下，利益格局的调整、贫富差距的拉大、价值观念的错位，导致一些人心理扭曲，不择手段追求物欲，将利益关系作为衡量一切的尺度，将利益攫取作为唯一的目的，这就必然会给人们思想上、心灵上带来某些负面影响。虚报浮夸、追名逐利，投机专营、哗众取宠，学术泡沫、沽名钓誉，均为浮躁之重症。浮躁之人，往往是缺乏奋斗目标和进取能力的人。新时代是创新创业实现伟大梦想的时代，每个人都有人生出彩的机会，关键是看你是否具有科学的人生规划、崇高的理想追求和不懈的奋斗精神。新时代又是知识爆炸的信息时代，每个人都有知识改变命运的机会，关键是看你的学习力、执行力和创造力。机会属于有实力者、肯努力者。如果不加强自我学习、不解决"本领恐慌"，遇事或六神无主、陷入迷茫彷徨，或盲动冒险、幻想一鸣惊人，心灵的浮躁已经失去自我、迷失方向。

浮躁是欲望的肿瘤、心灵的溃疡。任其发展，不仅会葬送自己的人生，而且会影响周围人群、毒化社会风气。如果一部分人的浮躁病态与社会浮躁现象相互重合、滋长蔓延，则会荒芜我们的精神家园、失去砥砺前行的动力。因此，习近平同志在《之江新语》一书中告诫："浮躁祸国殃民，贻害无穷，必须戒此顽症。"

浮躁，犹如人生的枷锁，束缚你的前行。挣脱这个枷锁，你会走得更远，走向光明的未来；浮躁，犹如生命的黑罩，笼罩着你的生命之光。解开这个黑罩，你的生命就会焕发光芒，绽放人生的华彩。人生贵在戒浮躁：睿智者以智慧拒绝浮躁，务实者以实干告别浮躁，执着者以毅力战胜浮躁，自律者以修心走出浮躁。

淡泊明志戒浮躁。诸葛亮在《诫子书》中有言："非淡泊无以明志，非宁静无以致远。"淡泊不是消极避世，而是一种心境，知天达命、世事洞明，"宠辱不惊，看庭前花开花落；去留无意，望天空云卷云舒。"有了淡泊的心境，就能够正确看待荣辱与得失、正确对待名利与地位，就可以志存高远、脚踏实地，科学合理地自我设计，确立人生既定目标和前进方向，就会以虚怀若谷的心态待人接物，经得起诱惑、耐得住寂寞、保得住操守。淡泊不是无所追求，而是一种智慧。心中有信仰，行事有定规。大事清楚、小事糊涂。前提是对事之大小洞若观火，不因善"小"而不为，不因恶"小"而为之。有了这种智慧，就不会在真伪之间摇摆、在是非之间骑墙、在善恶之间调和。淡泊不是一种怯懦，而是一种自持。淡看世事沧桑，心自清风日朗。即使拜金主义的浊流汹涌而来、唯利是图的幽灵乘隙而出，也不会惊慌失措或者同流合污，而是坚守底线、从容应对，"不管风吹浪打，胜似闲庭信步"。有了这份自持，无论是治学、还是立业，即使历经磨难，也会有一道亮丽的人生风景线。

求真务实戒浮躁。求真，就是实事求是，一切从实际出发，尊重客观规律。务实，就是真抓实干，一步一个脚印地向着既定目标前行。求真务实是治愈浮躁病症的一剂良药。"真抓才能攻坚克难，实干才能梦想成真"，幸福都是奋斗出来的。任何事业的成功之前一定有咬定青山不放松的艰苦努力，所有的荣耀和风光背后必然有无数辛劳和汗水的付出，正所谓"在坦途者，皆从坎坷崎岖中来；知幸福者，均为历尽艰难之人"。妄想不经过艰苦奋斗凌空蹈虚而取得成功，只能是痴人说梦。求真务实，就是要知实情，"贴在地面步行，不在云端舞蹈"，勤于"身入"，善于"心入"，把握基层脉搏，了解百姓心声；就是要说实话，不说假话、空话，有一说一、有二说二，有喜报喜、有忧报忧；就是要办实事，量力而行、尽力而为，实事实办、好事办好，办在关键处、办在点子上；就是要求实效，心无旁骛、不图虚名，不出成果不撒手、不解决问题不罢休，以实际成效奉献社会、造福于民。"一分耕耘，一分收获"，这是万古不变的公理。只要有了务实作风和实干精神，从小事做起、从自我做起，在平凡的生命历程中发掘自我、奉献自我，我们就一定能够拭去心灵深处的浮躁尘埃，找到快乐和幸福的真谛。

坚韧不拔戒浮躁。事业常成于坚韧、毁于急躁。孔子说："欲速则不达，见小利则大事不成。"荀子名言"不积跬步，无以至千里；不积小流，无以成江海。"高楼大厦是一砖一瓦盖起来的，参天大树是一尺一寸长起来的，这是客观规律使然。坚韧不拔是一种综合素质，是内在涵养与外在行为的有机统一。古往今来，无数事例说明，有韧劲、有毅力，专注事业、百折不挠，才能成就美好人生。如坚守孤岛32年，锲而不舍、默默无悔实现对祖国忠诚和担当的王继才，独自一人耐住旅程寂寞与艰辛完成壮举的中国无动力帆船航海第一人崔墨等。马云的成功众所周知，但在创业当初，如果没有"十月无假期"的意志和坚守，就不会有阿里巴巴今日的辉煌。"板凳要坐十年冷，文章不写一句空"，这是就做学问而言；"千淘万漉虽辛苦，吹尽狂沙始到金"，则是各行各业勤于耕耘方有收获的写照。如果只想做花不想当叶，更耐不住当根的寂寞，心志不专、见异思迁，总想着今天播下种子，明天就能开花结果，心浮气躁、急于求成，缺乏开拓进取的恒心和坚持不懈的韧劲，那就会一事无成、人生无望。坚韧，是人们心灵深处一粒生命力旺盛的种子，在世俗的喧嚣和骚动中，艰难而又坚强地、痛苦而又愉悦地孕育着、奔腾着、宣泄着生命的绚烂多彩，人生之树由此绽放出艳丽缤纷的花朵。

完善自我戒浮躁。加强自我学习、自我修养、自我完善，是祛除浮躁的重要法宝。要勤于学习。"活到老，学到老"，下真功夫、苦功夫，多读书、读好书，学思结合、学以致用，以知识励志修德、以技能提升实力，实现自我发展。要善于反省，时常对自己的所长所短、所言所行、所作所为进行反思。人生不可能一帆风顺，有成功也有失败、有开心也有失落。一时工作受挫时，要清醒地审视自身内在潜力和外在因素，总结经验教训；与人交往遇有不快时，要冷静地解剖自己，严于律己，宽以待人；当自己有了浮躁之气时，能及时觉察，自我调适，恢复理智和宁静。只要保持心理的成熟、人格的健全，以理性驾驭情感，以意志控制欲望，浮躁自然会远遁他方，人与人、人与社会也会更加率真、更加自然、更加和谐。

要精于"修心"。成熟的麦穗总低垂着脑袋，浩瀚的大海总敞开着胸怀。"修心"，就是要让宁静、内敛和豁达充盈自己的心灵，使精神家园和谐滋润、生机勃发。这样，就可以在滚滚红尘、物欲横流、名缰利锁面前，始终保持一份清醒、一份沉静、一份泰然。精于"修心"，就会心如明镜、取舍有度，懂得了感恩、习惯了宽容，淡化了功名利禄、强化了克己为人，从而以实化"浮"、以静化"躁"。

"浮躁一分，到处便遭悔恨；诱惑二字，从来误尽英雄。"人生贵在戒浮躁。在人生的旅程中，只要力戒浮躁、控制欲望、拒绝诱惑，你便会观赏到一路美丽风景、听闻到处处欢语笑声。

每个人都有自己的生命尊严和生命诉求，人人都是梦想的筑造者。尽管这些梦想有大有小、色彩各异，但在每个人的精神世界中都会鲜花盛开、弥漫芬芳。有了梦想、有了追求梦想的不懈奋斗，人生才有了意义、生活才有了精彩。

劳动是硬道理

　　如今，随着经济、科技的快速发展和生活水平的提高，我们有些人习惯了刷刷手机完成线上交易、动动手指外卖送来、语音指令机器人擦窗扫地……那么，劳动离我们远了吗？不是的。时代在变，劳动的形式在变，但劳动的精神内核永远不会改变，劳动始终是创造价值的唯一源泉、是一切成功的必由之路。

　　在现实生活中，学校劳动教育的弱化和家长对孩子的过度溺爱、代办包办，催生了少数"巨婴"，一些青少年四体不勤、五谷不分，贪吃懒做、好逸恶劳，过着衣来伸手、饭来张口的生活，劳动意识和动手能力较差。而青少年的劳动态度、劳动理念及劳动精神风貌不仅关系个人成长和家庭幸福，也关系国家未来和民族希望。因此，强化劳动教育、培养劳动精神，既是新时代实现中华民族伟大复兴的强烈呼唤，也是我们实现人生价值、追求美好生活的迫切需要。

　　劳动包括体力劳动和脑力劳动，作为人类的本质活动，既是人类创造并积累财富的过程，也是人类自身自我发展、自我完善的过程。劳动精神，则是关于劳动的理念认知和行为实践的集中体现。在理念认知上，表现为尊重劳动，崇尚劳动，热爱劳动；在行为实践上，表现为辛勤劳动，诚实劳动，创造性劳动。

劳动，是中华民族的传统美德。从《尚书》中的"克勤于邦，克俭于家"，到《孟子》中的"后稷教民稼穑，树艺五谷；五谷熟而民人育"，再到《国语》中的"劳则思，思则善心生"，诸多古训格言都彰显了勤俭自持、耕读传家的优秀传统文化。"但愿长如此，躬耕非所叹"，"田家少闲月，五月人倍忙"，"锄禾日当午，汗滴禾下土"，"昼出耘田夜绩麻，村庄儿女各当家"，"采菊东篱下，悠然见南山"……这些脍炙人口的诗句，描绘了劳动的场景，写出了劳动的辛苦，表现了劳动的欢乐，也表达了对劳动者的赞美和歌颂。可以说，中华五千年文明史，就是一部中华民族的劳动史。从古代的万里长城修筑、大运河开凿，到今天的高速交通物流、南水北调工程，以及"蛟龙"潜海、航母巡洋、"嫦娥"飞天、北斗组网……无不浸透着劳动者的辛劳汗水、凝聚着劳动者的聪明才智、蕴含着劳动者的牺牲奉献。中国人民和中华民族有着"艰难困苦，玉汝于成"的文化基因，有着"天等不等天，苦干不苦熬"的民族气质，崇尚"幸福是奋斗出来的"劳动和实干精神。

成就最好的自己

劳动创造了人类，也创造了世界。劳动，使人类从远古走向未来、从荒蛮走向文明，并让偌大的地球变成了小小的村落。历尽天华成此景，人间万事出艰辛。劳动者用勤劳的双手和智慧，编织了这个五彩斑斓的世界，创造和延续了人类社会的灿烂文化。"民生在勤，勤则不匮。"新中国成立以来特别是改革开放以来的成就和历程，刻印着千万铁军筑路架桥的足迹，定格着亿万农民工进城打工的身影，记录着无数"老黄牛"创造的"三天一层楼"的中国速度，熔铸着科技人员不断向未知领域挺进的探索。正如鲁迅先生所说，"伟大的成绩与艰辛的劳动总是成正比例的。付出的劳动越多，创造的幸福就越多"。从温饱到小康，从封闭到开放，从站起来、富起来到强起来，一切都源于劳动。

劳动是梦想成真的必经之路，也是成就灿烂人生的"通行证"。对家庭而言，没有劳动，就没有财富的积累和生活条件的改善；对个人而言，没有劳动，就难以筑牢个人发展和事业成功的底座。习近平总书记强调指出："任何一位劳动者，要想在百舸争流、千帆竞发的洪流中勇立潮头，在不进则退、不强则弱的竞争中赢得优势，在报效祖国、服务人民的人生中有所作为，就要孜孜不倦学习，勤勉奋发干事。"馅饼不会从天上掉下来，"樱桃好吃树难栽"。说一千道一万，劳动是硬道理。不热爱劳动，任何蓝图都不过是纸上谈兵；不努力工作，一切梦想都只能是一枕黄粱。对美好生活的向往，只有通过劳动才能实现；生命中的所有辉煌，只有通过劳动才能铸就。

劳动具有综合育人的价值，是促进人的全面发展的重要途径。劳动可以立德，用汗水洗刷灵魂的灰尘，养成勤劳俭朴、艰苦奋斗的品质；劳动可以增智，强化逻辑思维和形象思维，掌握基本的职业技能和生活智慧；劳动可以健体，加快生理的新陈代谢，锤炼强健体魄和坚韧意志；劳动可以育美，陶冶性格情操，提高人文素养。培养劳动精神，是实现人的现代化的题中应有之义。

要强化劳动精神的教育引导。针对社会上还存在轻视劳动特别是看不起普通劳动者的不良倾向，培养劳动精神的根本就是要激发全体公民特别是青少年学生热爱劳动的内生动力，引导他们学会劳动、学会勤俭、学会感恩、学会助人，立志成为德智体美劳全面发展的社会主义建设者和接班人。学校要发挥主导作用，面向全体学生，建立起学校教育、家庭教育和社会教育相互融合，专业教育、知识学习和技能实践相互贯通，劳动课程第一课堂、社会实践第二课堂、校园文化第三课堂相互补充的劳动教育格局，强化劳动观念、劳动技能和劳动品质的系统教育。2018年9月10

日，习近平总书记在全国教育大会上指出："要在学生中弘扬劳动精神，教育引导学生崇尚劳动、尊重劳动，懂得劳动最光荣、劳动最崇高、劳动最伟大、劳动最美丽的道理，长大后能够辛勤劳动、诚实劳动、创造性劳动。"各级各类学校除了开齐开足劳动必修课外，其他课程和活动也要有机融入劳动教育内容。要结合植树节、学雷锋纪念日、五一劳动节、农民丰收节、志愿者日等，开展丰富多彩的劳动主题教育，在校园文化活动中嵌入劳动精神内容，培育崇尚劳动的校风、教风和学风，使广大青少年学生焕发劳动热情，把劳动与促进自我发展、实现自身价值紧密结合起来，让劳动成为一种习惯、一种修养、一种人生境界。

要促进劳动精神的实践养成。《尚书》曰："不知稼穑之艰难，乃逸乃谚。"不挥洒劳动的汗水，不体会劳动的艰辛，就很难理解劳动的内涵、珍视劳动的价值。因此，只有把教育引导和实践养成结合起来，既内化于心、又外化于行，才能真正厚植劳动精神。劳动教育，决不能满足于课堂"听"劳动、课外"看"劳动、网上"玩"劳动，而要积极组织青少年学生参加社会调查、务工务农、社区服务、公益劳动和勤工俭学、创新创业活动，将教育同生产劳动、社会实践相结合。随着经济社会发展，劳动形态已经和正在发生巨大变化。我们还要适应新技术、新产业、新业态发展，鼓励学生运用多学科知识，开展创造性劳动，使新时代劳动教育、劳动实践与科技发展和产业变革相结合。促进劳动精神的实践养成，需要学校、家庭和社会协同配合、凝心聚力。家庭应树立热爱劳动的良好家风，鼓励孩子自己动手，在衣食住行中掌握必要的家务劳动技能，培养劳动兴趣，提高独立生活能力。社会各行各业应搭建多样化劳动实践平台、开放实践场所，创造更多有利条件，让青少年真正走进生活的课堂、走进劳动的现场，在动手实践、出力流汗中播撒崇尚劳动的种子，在勤学苦练、磨砺意志中涵养艰苦奋斗精神，在钻研技能、创新创业中展现风采、感受快乐、实现成长。

要营造劳动光荣的社会风尚。大力宣传劳动模范和大国工匠的先进事迹，弘扬"爱岗敬业、争创一流，艰苦奋斗、勇于创新，淡泊名利、甘于奉献"的劳模精神、工匠精神和企业家精神，充分发挥榜样示范和模范感召作用，同时，对社会上少数人轻视劳动、贬低劳动的现象，要激浊扬清，形成舆论气势，在全社会营造劳动光荣、知识崇高、人才宝贵、创造伟大的强烈氛围。要创新体制机制，为广大劳动者岗位建功、才尽其用，各居其位、各得其所开辟广阔天地，使劳动者得实惠、享荣光，有尊严、有保障，让劳动

　　　　　　　　　　　　成就最好的自己

热情充分迸发、创造智慧充分涌流，从而凝聚起亿万人民劳动创造的磅礴力量。

当前，世界百年之未有大变局加速演进，科技创新竞争与高端产业角逐空前激烈，实现中华民族伟大复兴面临着严峻挑战，亟需培养和弘扬全民族的劳动精神，建设一支知识型、技能型、创新型的劳动者大军。每一滴汗水都会折射太阳的光芒，每一份付出都会照亮梦想的天空。让我们唱响新时代的劳动赞歌，以实干赓续传统，以拼搏迎接挑战，以奋斗成就未来。

野蛮其体魄

近日到图书馆查阅资料，读到了毛泽东同志1917年发表在《新青年》杂志上的《体育之研究》这篇雄文力作，他在文中指出："近人有言曰：文明其精神，野蛮其体魄。此言是也。欲文明其精神，先野蛮其体魄。苟野蛮其体魄矣，则文明之精神随之。"从而告诉人们，"体者，载知识之本而寓道德之舍也"，精神文明的前提是要有健康强壮的身体。

100多年前，毛泽东怀着忧国忧民，拯救民族的远大抱负，从当时中国"国力荼弱，武风不振，民族之体质，日趋轻细"的现实，积极倡导"文明其精神，野蛮其体魄"的理念，并就发展体育、强身健体提出了许多深刻见解，今天读来仍震撼心灵。

强健的体魄是创造精神文明、改造客观世界的重要支撑。俗话说，"健康是幸福的基础，身体是革命的本钱"。人生的最大财富是健康，如果健康是"1"，那么学业、事业、财产、地位、荣誉等，都是跟在健康"1"后面的"0"，有了健康的"1"，后面的

"0"才有意义。只有具备强健的体魄，才能更好地学习和工作，才能应对各种困难和挑战，才能实现对美好生活的向往。没有健康，一切泡汤，哪还有"诗和远方"？而近年来的国民体质监测报告和调查显示，我国青少年体质呈下降趋势，各年龄段学生肥胖检出率持续上升，近视率居高不下。在成年人中，每年新增超重和肥胖症人口1100万，高血压和糖尿病患者持续增长。这种状况十分令人担忧。尽管今天国人体质的"肥胖"与100年前的"轻细"不同，但也是不健康、不强壮的"荼弱"。因此，我们必须向全社会大声疾呼："欲文明其精神，必先野蛮其体魄。"

野蛮其体魄，必须加强青少年的体育教育和锻炼。少年强则国强。青少年的体质状况不仅关系个人成长和家庭幸福，也关乎国家未来和民族希望。立足当下，人民的身体健康是全面小康的重要内涵；放眼未来，青少年的身体健康预示着我国在世界的竞争潜力。因为，文明精神与野蛮体魄是一个辩证的统一体。正如卢梭所说，"身体虚弱，它将永远不会培养有活力的灵魂和智慧"。从学校来讲，要以培养德智体美劳全面发展的一代新人为目标，实施素质教育，加强对学生的体育教育和锻炼。习近平总书记在2014年全国教育工作会议上指出："要树立健康第一的教育理念，开足开齐体育课，帮助学生在体育锻炼中享受乐趣、增强体质、健全人格、锻炼意志。"各级各类学校应深化体育教育改革，开齐开足体育与健康课程和课间体育活动，创新教学方法和手段，致力于培养和激发青少年学生的运动兴趣，提升他们参与体育锻炼的积极性、主动性，并努力掌握一两项运动技能，让"我运动、我快乐、我健康"成为大、中、小学校园的新风尚。从家庭来讲，要发展精神与体魄有机结合的家庭教育，家长有责任以身作则并带领孩子参加体育锻炼，让孩子在多种运动项目体验中发现、发掘和发展他们的运动兴趣、运动特长，使他们从小养成良好的运动习惯。从社会来讲，要为青少年的体育锻炼提供条件、营造环境，如加强体育场馆的建设和开放、加快社区"10分钟体育健身圈"和健身设施的普及等。只要全社会同声相应、同气相求、同心协力，不断提升青少年的体质健康水平，就能够使体魄强健成为新时代青少年的标配。

野蛮其体魄，必须广泛开展全民健身运动。"生命在于运动"，是法国著名思想家伏尔泰的一句名言。参加运动、锻炼身体，既是个体生命存在的需要，也是群体生命得以延续的前提和保障。这种运动，是人们根据需要自我选择，运用各种体育手段，并结合自然力和卫生措施，以发展身体、增进健康、增强体质、调节精神，丰富文化生活和支配余暇时间为目的

　　　　　　　　　　成就最好的自己

的体育活动。

运动是保持人体代谢过程旺盛的重要因素。《吕氏春秋·尽数》载："流水不腐，户枢不蠹，动也。形气亦然，形不动则精不流，精不流则气郁。"坚持适度的运动，能够在呼吸系统、循环系统、消化系统、神经系统等方面促进人的生理机能，使人的器官和精、气、神保持活力、延缓衰老，从而修炼容貌、塑造身材、提升气质。《中国达人秀》的舞台上，一位看上去只有40出头的女士跳了一段欢快的舞蹈后，主持人介绍这是位78岁的老奶奶。嘉宾惊讶地询问她为什么如此青春洋溢、不显老态？她说："最重要的是心态好、爱运动。坚持运动、快乐生活的人，就可以对抗岁月、保持年轻。"

运动是提高人的体质和免疫力的重要途径。体质就是人体的质量。长期有规律的体育健身运动，能够提升人的身体素质，如速度、力量、耐力、灵敏度、柔韧度等，改善免疫细胞的再循环功能，有效抵抗外来病原微生物的侵入，防止疾病发生。抗击新冠肺炎疫情的实践也充分证明，提高人的免疫力是根本之策。钟南山院士曾在接受记者采访时说："在感染病毒的初期，并没有特效药物可以针对性治疗，最关键的还是看每位患者的身体体质，依赖每个人的免疫能力。"

运动是磨炼人的意志、增强自信自律的重要手段。参加体育锻炼的过程是枯燥的、重复的、劳累的，需要不懈的坚持才能达到健身效果。这是一个磨炼意志和毅力的过程，也是一个加强自律和时间管理的过程，能够增强自我挑战的信心，体会自我超越的欢愉。体育锻炼中的集体项目和竞赛活动，还能够培养人的团体协作和集体主义精神，使人格得到健全、情操得到陶冶、道德得到升华。

随着经济的快速发展、人民生活水平的提高，网上办公、线上交易的兴起，不少宅男宅女出门坐车、上楼乘电梯、吃饭订外卖，参加体育锻炼的时间和机会比过去大大减少。这种现象必须引起警惕，切实加以纠正。全民健身，贵在坚持。应当"日以为常，使此运动之观念，相连而不绝"，如果缺乏恒心，半途而废，就难以达到健身目的。全民健身，贵在科学。运动方式、运动强度应当因人而异，科学合理而又符合自身条件的运动才能达到最佳效果。有人觉得运动强度越大、运动量越大，越是能强健体魄，其实不对。爆发性的运动可能对身体造成伤害，或者发生意外。对于成年人特别是老年人，中等强度的有氧运动，如快走、慢跑、游泳、太极拳、广场舞等，是科学适度的运动类型。人的大脑同样是"用进废退"，下棋打牌、读书看报、笔耕著述、静心思考，"健脑"也是

　　　　　　　　　　　成就最好的自己

健身。总之，我们要在运动中找到自己合适、且能让自己享受其中的运动方式、运动强度，在持之以恒、科学适度的体育锻炼中改善体质、增进健康。

野蛮其体魄，必须养成科学文明健康的生活方式。锻造强健的体魄，既需要科学适度的运动，也需要科学合理的营养，更需要科学文明的生活方式。古希腊哲人说过："肉体是人的神殿"，欲使神殿具备神性，则需要对之勤加修筑和擦拭。所谓修筑和擦拭，就是要养成科学文明健康的生活方式。要树立健康至上的观念，不暴饮暴食，不长期熬夜，不透支身体，合理膳食、戒烟限酒、远离垃圾食品、坚决杜绝野味，做到作息上有规律、生活上有节制。勤洗手、勤通风、出门戴口罩，推广公筷公勺分餐制……新冠肺炎疫情防控中的这些健康防护行为，应该成为我们日常生活中的良好卫生习惯。还要增强节约意识、环保意识、生态意识，树立"合理使用资源、践行绿色生活"的绿色消费理念和"能走不骑、能骑不坐、能坐不开"的绿色出行理念，在尊重自然、顺应自然、保护自然中实现人与自然和谐共生。只有这样，才能真正让强健体魄与我们永远相伴。

提升你的情商

在工作单位，在职场生活，在社会交往中，人们都喜欢与情商高的人相处、共事和合作，如沐春风、轻松自在。

什么是情商呢？情商是与智商相对应的概念，即情绪商数，主要指人在情绪、意志、耐受挫折等方面的品质，是一个人把握、控制自己情绪和处理人际关系的能力。

情商是人生赢家的重要素质。20世纪80年代，美国哈佛大学曾对1000多名智商在151分以上的智力超常儿童进行跟踪研究，发现其中不少"神童"虽然智力超群，但他们独立自理能力、人际交往能力较差，有的急躁、固执、自负，性格孤僻；有的冷漠、易怒、神经质，情绪不稳定。他们身上存在的这些弱点，成了日后成功路上的绊脚石。因此，丹尼尔·戈尔曼教授在《情绪智力》一书中作出结论：智商诚可贵，情商价更高。

当前，人际关系的不协调，掣肘、矛盾乃至冲突，是社会一些领域产生"内卷"的原因之一，也使我们的工作、生活和事业受到了不应有的损失与伤害。在激烈的市场竞争和复杂的人际关系中，没有较高的情商，就会影响智商的发掘和创造力的发挥；有了较高的情商，就会营造一个有利于自己生存发展的宽松环境，有了更多人生出彩的机会。从这个意义上说，情商，是生命绚丽的翅膀，也是社会和谐的利器。

情商不是卑躬屈膝，不是左右逢源，不是圆滑世故，而是一种生存技能、一种品德修养、一种性格力量，有着十分丰富的内涵。

尊严和尊重是情商的品质。尊严，是对人的身份、地位、权力等的认同和尊崇。有了尊严意识，就有了对人类和生命的尊重、对世界和生活的热爱、对未来永不失落的希望。维护尊严，首先要自尊自重。认识自己、悦纳自己，对自己的能力、性格、优势和不足做出正确评估，既不因自己的长处自负自傲，也不因自己的短处自卑自贱；肯定自我、善待自我，爱惜"羽毛"、保持本色，让"自信"的种子深植大地，盛开自强不息的灿烂之花，不让生命的细胞在功利和恩怨中浸泡，不让生命的季候在苛求和蹉跎中流过。正如苏霍姆林斯基所说："对自身的尊重、荣誉感、自豪感、自尊心——这是一块磨炼细腻的感情的砺石。"因为自尊，所以明了每个人都有自己的尊严，都需要得到他人的尊重。支撑着自尊的，正是对这个人的人格的看重和价值的肯定。所以，尊重别人，维护别人的尊严，是人们交往中最为珍惜的品质。有了尊重，就有了"看谁都顺眼"，就有了信任，有了友善，有了微笑，有了礼貌……就会让我们体验到人情味的妙趣，感受到人世间的和美。

从容和宽容是情商的特质。从容源于人内心的自信和坚定，是一种独立的坚韧的人格精神。有了从容，就会有信仰、有情怀、有担当，有着明确的人生目标，既不会东张西望，也不会左右摇摆，更不会朝秦暮楚。从容平和的生活态度，来自对人际间的理解和包容。人生因不同而可爱，世界因不同而精彩。简单的树叶，世上难寻完全一致的两片，何况是万物之灵的人，如同高矮胖瘦、丑俊清浊各有千秋，每个人都有不同的性格和活法。宽容就是容人之异、求同存异，将心比心、推己及人，相容相让、不计不究。"海纳百川，有容乃大。"少些狭隘之心、偏颇之见、挟嫌之举，给别人留一些余地，你自己将得到一片蓝天；给别人留一点后路，你将得到更广阔的前程。从容淡定、宽容处世，严于律己、宽以待人，既不阿谀奉承，也不恶言相向，更不拆台拨污，就会给喧嚣的尘世多一份舒坦惬意，给复杂的人际多一份诚挚温暖。

热情和激情是情商的气质。对他人保持热情，对生活保持激情，善于审美赞美，积极乐观向上，这种高情商的气质，能够在群体中形成影响力和领导力，建立起广泛的人脉网络。人类行为学家约翰·杜威说过："人类本质里最深远的驱策力，就是被赞美。"只要以欣赏的善睐明眸，发现他人的优雅、知性、时尚、美丽、韵味和魅力，以赞赏的如珠妙语，夸奖他人之优之长，你就会汲取更多的正能量，让彼此变得更加美好。人是用行动证明自己的，热情洋溢的微笑，幽默风趣的语言，对理想的激情追求和不懈奋斗，遇难相帮、遇危相助的爱心奉献，会使你增加自信和尊严的同时，在世人面前树立乐观豁达、悦人悦己的良好形象。

明是非、懂进退、知分寸、重细节、善交友、会处事……这些情商要素不是与生俱来的，是在后天的环境、教育和实践中不断发展、提升的。

增知益智，实现成情商智商的和谐发展。情商与智商不仅关系密切、相互补充，而且能够相互促进、相辅相成。情商高的人善于沟通、长于合作、勇于进取，有利于学到真知、开发智商潜能；智商高的人，会以知识广博赢得他人尊重，会以聪明智慧调控自己情绪，有利于吸取经验、挖掘情商潜能。因此，提升你的情商，必须把读书学习、增知益智作为一种精神追求和生活方式。"胸藏文墨虚若谷，腹有诗书气自华。"多读书，多学习，多与前辈先哲跨越时空对话交流，内心就会丰盈、胸襟就会开阔、谈吐就会优雅。情商与智商相互作用、和谐发展，就能够使生命之花更加绚丽多彩，散发出缕缕芬芳。

察言观色，掌握人际沟通的技巧。在当今社会交往中，人们往往是在一种微妙的难以察觉的情感交往信息中交际的。这种交际，需要通过对别人的肢体语言、面部表情、语言音调等隐含的信号，来正确识别其情绪变化。能说会道不会察言观色，只是"假性高情商"。有的人大大咧咧、夸夸其谈，不注意观察别人的反应，不考虑别人感受，常常在不知不觉中得罪人、影响人际关系。所以，在人际沟通中，学会察言观色，及时识别和接纳别人的情绪信号，并作出合理反应，用真诚坦率、推心置腹的态度与人交流，就会在轻松愉快的气氛中获得更多认同和好的人缘。

驾驭情绪，提高自控自持能力。在日常生活中，每个人都会有高兴、快乐、郁闷、烦躁的时候，这些积极的、消极的情绪，每天都在产生，关键看能否妥善管理、理性调控。适度的情绪表达有益于身心健康，而过度的情绪反应则会害己伤人。有的人遇到失利、挫折和逆境时，习惯于抱怨吐槽、怨天尤人，喜欢与他人比较和计较，十分在意别人的眼色和评价，自我纠结、反复咀嚼，焦虑不安、悲苦莫名，消耗了自己的心智资源；有的人一遇刺激，就急躁愤怒、鲁莽冲动，被负面情绪驾驭和奴役，甚至失去理智、自暴自弃。这都是缺乏自控自持能力的表现。所以，提高情商，注重自我管理、自我激励，就可以让负面情绪淡化、消化在自我驾驭和调节之中。

完善自我，淬炼温和善良的品性。情商不仅仅是指待人处世的方法技巧，更是从内心散发出来的一种教养和德行。注重修身守正、发展完善自我，是提升情商的根本之道。电视剧《觉醒年代》中辜鸿铭说过这样一段话："在我们中国人身上，有其他民族都没有的难以言喻的东西，那就是温良。""温良不是温顺，不是懦弱，温良是一种力量，是一种同情和人类智慧的力量。"温和善良，是情商之根基、人性至高点，它包含了生命对生命的仁慈与悲悯、宽恕与救赎，在某种境遇下，还包括隐忍、无声和拒绝。它是同理心和感恩心的结晶，它是"己所不欲，勿施于人"，它是"人人为我，我为人人"，它是"一方有难，八方支援"，它是"投之以木桃，报之以琼瑶"，它是一种仁厚之心和博爱境界。温良的本质，就是将心比心的"为别人着想"。北宋哲学家程颐认为，遇到事情肯替别人着想，这是第一等的学问。这句话，言简意赅地点明了情商的第一要义。涵养和淬炼温和善良的品性，就会"善解人意"体谅他人、"与人为善"照顾别人、"积善成德"升华自我。

《红楼梦》中有这样一句话："世事洞明皆学问，人情练达即文章。"时代正气的黄钟大吕带给我们昂扬的力量，生活中琐碎细微的摩擦也教给我们做人的道理。只要我们在知行合一中着力提升情商，就可以将自己活成一束光，既照亮前行的路，又温暖同行的人。

学会享受孤独

孤独，一般是指形单影只的孤身独处。古人云："幼而无父曰孤，老而无子曰独。"其实，孤独既是一种与他人和社会隔离的生存状态，更是一种超越现实的心灵体验和精神状态。

孤独如同影子伴我们左右，随我们终身。因为生命并不是一帆风顺的幸福之旅，各种不幸和孤独寂寞也是我们生活的一部分。正如马尔克斯在《百年孤独》一书中所写道："生命，从来不曾离开过孤独而独立存在。无论我们出生、我们成长、我们相爱还是我们成功失败，直到生命的最后，孤独犹如影子一样存在于生命一隅。"

学业无成、恋爱失意、家庭变故、事业受挫，以及人际是非、命运乖戾，往往会使人倍感落寞沮丧。你站在喧嚣的人群里抬头看烟花绚烂，我却看到了你眼中闪着光的寂寞，光彩是他人的、热闹是别人的，你一个人的孤立无助，是那么的晃眼。这样的感受，我有过，相信你也有过。不能直面、忍受和消解这种孤独，就容易迷失自己，甚至沉沦下去。

在世人的眼中，孤独等同于独处无人缘、个性多孤僻的贬义词，一直都是伤感的字眼。其实，真正的孤独不是空虚、不是无聊，而是一种个性意识张扬的前奏。孤独如一行足迹，深深印在沙滩上，向远方延伸；孤独似一双眼睛，痴痴地望着夕阳，向梦想遐思；孤独像一声呼唤，悠悠回响在峡谷中，向四周蔓延；孤独是一堆篝火，默默燃烧在旷野，向黑暗放光。不会享受孤独，就难以体会生活的真味、体味人生的真谛、体验创造的快乐。所以，品味和享受孤独，是一个人成长的必修课程，也是一个人成熟的重要标志。

享受孤独，是一种品质的淬炼，能够丰盈内心世界。

享受孤独，并不都是离群索居、做陶渊明式的隐者，而是在熙攘的世俗中保留自己思想驰骋的空间，在复杂的社会中拥有自己独立的人格和见解。人生在世，最难以逃避的就是自己。享受内心的独处、倾听内心的呼唤，这算是品味孤独的第一步。

在孤独中自省反思，可以进入自我完善的佳境。有些人终其一生，未曾与自己的灵魂有过一次促膝长谈，错失了许多检省和取悦自己的良机。人是在自省中不断成长的。无论是春风得意时，还是坎坷失意

成就最好的自己

时，学会在一个人的世界里，袒露活脱脱的自我，"独与天地精神往来"，与内心共情、与万物对话，扪心自问：我到底是谁，我要干什么？我还能干什么？就能及时地告别过去、面向未来、活在当下，发现更好的自己。在孤独中经常自我反省，内心世界就会渐渐丰盈起来，拥有更多的积极力量。

在孤独中独立思考，可以磨砺宁静致远的品质。法国17世纪哲学家帕斯卡尔曾在书中写道："人只不过是一根苇草，是自然界最脆弱的东西；但是他是一根能思想的苇草，他的全部尊严来自于思想，而思想的过程是享受孤独的过程。生命的力量就来自思想的力量。""活着"是动物的一种原生状态，只有"思想着"才是人类卓越的生存方式。人的智慧和品质，是在孤独中"思想着"实现的：从平凡中看出独特，从嘈杂中感受宁静，从思考中探索奥秘。直面孤独，就不会沉醉在物欲之中而感到疲惫和空虚；品味孤独，就会以更广阔的视野和丰富的知识来滋养、润泽自己，修炼内心、澡雪精神；享受孤独，就会不断"思想着"求解生存的价值和意义，殚精竭虑地追求真理，始终不渝地拓展着我们的思维空间和生存空间。

思想的独舞者是孤独的，在孤独中推陈出新、在孤独中驭平显奇。没有司马迁的孤独，就不会有史家之绝唱、无韵之离骚；没有梵高的孤独，就不会有如梦如幻的星空和金色耀眼的麦田；没有海子的孤独，就不会有面朝大海、春暖花开的浪漫祈愿。尼采曾说过："谁终将声震人间，必长久深自缄默；谁终将点燃闪电，必长久如云漂泊。"善于品味和享受孤独，方能提升自我品质、绽放生命精彩。

享受孤独，是一种创造的灵感，能够成就最好的自己。

有人认为，孤独是一种可怕的心理状态和生活状态。其实不然，孤独不是秋日孤雁的伶仃，而是雏鹰仰望蓝天飞翔的方向，是一种对生命意义的求索；孤独不是冬季零落的飘絮，而是春雨滋润下悄悄发芽的种子，是一种焕发新生崛起的灵感。当一个人将心灵的触觉深入生命的内核，做一些与现实距离上的调整、迂回，就可以捕捉到若隐若现的灵感、机遇和创新的契机，同时也能开发内心最强大的潜能，产生一种俯瞰人生的力量。

英国作家赫胥黎说过："越伟大、越有独创精神的人，越喜欢孤独。"因为人生的许多感悟和创造就产生在孤独之中，凡是做大事成大器创大业者，都是耐得寂寞、受得孤独之人。爱因斯坦创立相对论，居里夫人发现镭元素，陈景润在哥德巴赫猜想中摘取桂冠……历览古今中外，一个人的成功史、创造史，就是一段漫长的有意义的孤独岁月。"古来圣贤皆寂寞"，在孤独中激发灵感，凭实力厚积薄发，向自身的极限挑战，并完成充满无限激情的一跳，与孤独一起登上成功的顶峰——这就是生命的美丽和生活的魅力！

享受孤独的过程是战胜自我、超越自我的过程，可以让身陷逆境的人自信自强、奋发向上，让受到挫折的人重整旗鼓、东山再起，让取得成功的人戒骄戒躁、更上层楼。奥斯特洛夫斯基在双目失明、全身瘫痪、十分孤独的境况下，凭着坚强毅力、克服重重困难，完成了《钢铁是怎样炼成的》巨著创作。贝多芬17岁失去母亲，32岁耳聋，接着又陷入失恋和孤独无助的痛苦之中，可他顽强地向命运挑战，展开梦想的翅膀飞出孤独，创作了《命运交响曲》等一批不朽的音乐作品，使今天无数音乐爱好者感到温暖和温情，驱散无数的孤独和寂寞。由此可见，只要你甘于寂寞而又勤于耕耘、享受孤独而又发愤图强，你就必将依靠自己的双手和智慧达到你始终如一的目标，凭借你心地的宁静致远最终实现自己的梦想。用孤独之剑铸造自己，就是生命最好的姿态！

享受孤独，是一种自我的清欢，能够体验独特的快乐。

在高速的生活节奏压力、激烈的利益竞争纷扰和灯红酒绿的诱惑面前，享受孤独，让浮躁的心恢复平静，用无声的爱抚平心灵的伤痛，闲看花开花落、静观云卷云舒，视世间的千般烦恼、万种忧愁如过眼云烟，成败与得失、欢喜与悲忧、聚散与离合，都会在心灵放飞的清欢中萦绕、消散……

快乐是不分等级的，高车驷马、华堂嬉游、鲜花环绕、掌声四起，固然带来快乐，"兴来每独往，胜事空自知"，远离喧闹，与书为伴，沉浸在文字中喜乐忧伤；与茶为伴，让淡淡的幽香沁入心脾；与月光为伴，独上高楼凭栏杆，俯视明灭的万家灯火；与山水为伴，沐花香馥郁、听鸟语款款，头枕茵茵草地任思绪的河流缓缓流动，精骛八极、神游宇宙，这何尝不是一种快乐呢？

孤独是一首无言的歌，苍凉、悲壮而又余音绕梁。"新啼痕压旧啼痕，断肠人忆断肠人"，"前不见古人，后不见来者，念天地之悠悠，独怆然而涕下"，爱情之花凋谢了，事业之船搁浅了，如果在孤独中看破红尘、心如死灰，只想"跳出三界外，不在五行中"，一盏青灯两卷经书度过漫漫人生，就会丧失生活的信心和锐气。而享受孤独的人会超然物外，看淡而不看破，用孤独之光重燃生命的激情。"孤舟蓑笠翁，独钓寒江雪"，"举杯邀明月，对影成三人"，"采菊东篱下，悠然见南山"，不乱于心，不困于情，在自己的世界修篱种菊，纵情山水田园，倾听生活的诗意，体知更广的远方，才是真正的一个人的清欢。心若清净，风奈我何；你若不伤，岁月无恙。

"赤子孤独了，会创造一个世界"。这是傅雷夫妇的墓志铭，也是傅雷先生"享受孤独"的人生写照。我们要学会品味孤独、享受孤独，丰盈心灵、陶冶情操、激发潜能，去创造属于自己的世界，成就最好的自己。

重在把握好度

"万事有度，无度则悲。"掌握人生的度量衡，是一种修养、一种智慧、一种境界，也是我们一生的功课。

什么是"度"？度是一定事物保持自己质和量的限度，是和事物的质相统一的限量。任何度的两端都存在着极限，即关节点，一旦超过了度的两个关节点（上限或下限），事物的性质就会发生变化。例如，水的沸点是摄氏一百度，凝点是摄氏零度，从摄氏零度到摄氏一百度是水的温度范围，过了这个度，水要么变成蒸汽，要么变成了冰。

"度"是人生的大学问。度是马克思主义哲学的基本观点。唯物辩证法告诉我们，世界上一切事物都是质与量的统一，这种统一就是度，量变到一定程度下才会发生质变。度是中华民族优秀文化的精华，儒学讲求中庸、不偏不倚，道学主张顺其自然、适应自然，佛学提倡众生平等、心理平衡。度是人们在无数次过分或过慎教训中的逐步校正，度是理智给感情打上的及时恰当的休止符，度是建立在丰富经验、科学思维、准确判断基础上的深刻悟性。真理朝前走一步，就是谬误，这是对度的界定；"欲速则不达""适可而止""过犹不及""物极必反"，这是对度的诠释。

生活中处处有"度"。度不仅体现在人与自然、人与社会、人与人之间的关系上，更体现在人生旅程的各个环节、日常生活的方方面面。我们常说的待人接物、说话办事要掌握分寸、把握火候，恰如其分、恰到好处，就是"度"。朋友聚会喝酒，喝得畅快适量，会增进情感交流和友情，倘若喝的酩酊大醉、理智不清甚至胡言乱语，就会既伤害身体又损害友谊；体育健身，如循序渐进、量力而行并持之以恒，自然能促进身心健康、有延年益寿之效，倘若急于求成、强行超负荷的运动，就会适得其反，有损身心健康；休闲娱乐，可以愉悦身心，但痴迷无度甚至废寝忘食，就会玩物丧志。好在适度、误在失度、祸在过度。把握好度，既是生活的艺术，也是生命的精彩。

人生的奥秘，就在于发现"度"、了解"度"、把握"度"。人生是个谜，变化多端，难以捉摸。在充满发展机遇也面临生存挑战的今天，人生之路不可能如主观所愿一帆风顺，正如有一颗孤独灵魂的卡夫卡所说："真正的道路在一根绳索上，它不是绷紧在高处，而是贴近在地面的，它与其说是供人行走的，毋宁说是用来绊人的。"为什么有的人跌跌撞撞、处处碰壁，有的人坎坎坷坷、步履艰辛，有的人平平稳稳、潇洒自如？仔细观察探究，这人生之途无不与"度"密切关联。把握好度，为人处事有分寸、会取舍、知进退，言行有界线、交往有原则、工作有规矩，就会越过一条条绊人之索、战胜一个个拦路之虎，校正方向、少走弯路，减少迷惘、增强自信，从容自若、笑对人生。可以说，一个人把握"度"的程度，就是他的人生高度。

人生有度，贵在心有所戒，重在行守其"度"，关键要做到三知：知耻，知止，知足。

知耻，就是知道羞耻和荣辱。"行己有耻"是孔子在《论语·子路》篇中的一句名言，其意是说，对自己的行为拿捏有度，先决条件是知羞明耻。知耻源于智。一个有文化素养、道德涵养的人，才能在义与利、人与己、是与非、善与恶、美与丑、公与私等关系上明白义理、辨清荣辱，保持节操、取舍有度，有所为有所不为。而缺乏道德修养、愚昧无知的人，往往耻感淡化或无羞耻之心，荣辱不分甚至以耻为荣，无所顾忌直至为所欲为，什么损人利己、损公肥私、铤而走险、伤天害理的事都干得出来。"知耻近乎勇"。一个人知耻就会自尊自爱，一旦做了不道德的

成就最好的自己

事或者有了失度行为，便会自省自愧自责，把羞耻化为知错就改、奋发向上的勇气和力量。知耻，能够提升自我修为、善于自我反省，规范自己操行，从而进入人生的更高境界。知耻，是人生有度的前提和基础；知耻，是人性散发出来的一种光辉。

知止，就是知道适可而止。老子《道德经》曰："知止不殆。"告诉我们，为人做事要知道什么时候需要前进，什么时候需要止步，才不会陷入危险之中。止，就是行为的底线、红线、警戒线、高压线。知止，就是要有底线思维和敬畏之心，不碰纪律规矩"红线"、不触犯国家法律底线，清白做人、干净做事。心存敬畏，方能"心中有戒、行有所止"。知止，就是要谨防贪欲、拒绝诱惑。纵欲易、节欲难，纵欲如崩、节欲如登。诚然，天有阴晴风雨，人有七情六欲，谁都不可能在诱惑面前无动于衷，关键在于能否把握住度，不使自己沉溺其中、不能自拔。古往今来，多少人在权力、金钱、美色的诱惑下，一发而不可收，一失足成千古恨，有的争名翻身落马、有的逐利坏了身家性命、有的贪色毁了人生。他们在纵欲时被蛊惑了初心、迷失了方向、丧失了人格、利令智昏、欲罢不能，昏昏然、飘飘然，不知不觉成为欲望的囚徒而"不知止"，全不顾身后险恶、厄运降临。这使我想起了一则老鼠掉到米缸里的故事：一只老鼠掉进了装有半缸大米的米缸里，先是大吃一惊，然后喜出望外，一顿猛吃，吃完便睡。就这样在米缸里吃了睡、睡了吃，日子一天天过去。老鼠也曾想跳出米缸，但终究未能抵御大米的诱惑。直到有一天，老鼠发现米缸见了底，想跳也跳不出去了，活活被饿死在米缸里。这个故事说明，"一步错"不知止发展为"步步错"，就会带来灭顶之灾。知止。是对生命的尊重、对生活的珍惜、对家人的负责。把握住欲望的尺度，适可而止，一方面，要靠加强学习和品德修养固本培元，时刻自重、自省，自警、自励，养成浩然正气，形成洁身"抗体"，自觉做到不以善小而不为，不以恶小而为之。一方面，要靠制度和监督加强约束。制度是"杀毒软件"、监督是"防火墙"，可以及时帮助我们消除内心的杂念、隔离外界的喧嚣、筑起抵御欲望潮水的大坝。另一方面，要靠身边的挚友、诤友警醒。在有可能触碰到警戒线和高压线的时候，有人能扯扯袖子，咬咬耳朵，甚至大喝一声、猛击一掌，使其幡然醒悟。

知足，就是知道满足，达观天下。不满足于现状，才能激发人们奋发进取、推动社会不断进步。但是，对于身外的名利财物，过度地追求和索取，就会"人心不足蛇吞象"，争名者为争名绞尽脑汁、夺利者为夺利机关算尽，从而揠苗助长、杀鸡取卵、竭泽而

成就最好的自己

渔、饮鸩止渴。这样"欲壑难填"，必然会"有而不知足，失其所以有"。清人胡澹庵《解人颐》一书中收入的《不知足》一诗写道："终日奔波只为饥，方才一饱便思衣。衣食两般皆俱足，又想娇容美貌妻。娶得美妻生下子，恨无田地少根基。买到田地多广阔，出入无船少马骑。槽头扣了骡和马，叹无官职被人欺。县丞主簿还嫌小，又要朝中挂紫衣。若要世人心里足，除是南柯一梦西。"这首诗明白如话、言简意赅，对于人的不知足做了刻画和劝诫。所谓知足，强调的是一种心态，就是以豁达的襟怀和超然的态度对待名利权位、看待他人长短，不为功名利禄所缚，不为得失荣辱所累。知足，就是坦然从容地对待人生的不完美。不是每一粒种子都能长成大树，不是每朵鲜花都能结出果实，不是每个梦想都能成为现实。面对遗憾、顺其自然，不苦苦纠结、自寻烦恼，少一些攀比心、多一些责任感，少一些功利投机、多一些脚踏实地。古诗云："事到知足心常惬，人至无求品自高。"心中有"度"，得之淡然、失之泰然，才会进入达观的境界、活出生命的惬意。

交友之道在于真

在人生的旅程中，谁也离不开朋友。"一个篱笆三个桩，一个好汉三个帮""在家靠父母，出门靠朋友""多一个朋友多一条路，多一个冤家多一堵墙"。没有朋友的世界，是苍白荒芜的；没有朋友的旅途，是孤独寂寞的；没有朋友的生活，是枯燥乏味的。

朋友，是人生的重要支点。"人"字一撇一捺，落地不太稳固，有了朋友作支点，立足社会的根基就会更加扎实，生命就会挺拔和旺盛起来。

朋友，是人生的重要财富。朋友在你悲伤无助时，给你安慰和关怀；朋友在你失望彷徨时，给你信心和力量。朋友如烈日下的一缕清风，悄悄地为你拭去脸上的汗水；朋友像冬天里的一束阳光，静静地为你送去心灵的温暖。朋友好似一架云梯，助你登高望远；朋友如同一叶扁舟，帮你劈波斩浪。朋友越多，意味着你的价值越高，对你的生活和事业帮助越大。

朋友是人们在特定条件下，因为某种共同的东西相互联系、产生友情。因此，朋友是有不同层次的：有的利益相合，如商业上的朋友，双方合作，互惠互利；有的兴趣相投，如牌友、棋友、球友、票友、网络交流的网友、结伴旅游的驴友等，因为共同的爱好产生友谊；有的经历相同，如同学间的校友、同事间的工友、同乡间的乡友、同在军营的战友等，因为有共同学习、生活和工作经历而相互结识、相互理解、产生友情；有的则是志同道合、肝胆相照，如"高山流水遇知音"的钟子期和俞伯牙，"桃水潭水深千尺，不及汪伦送我情"的李白和汪伦，其友谊成为千古佳话。而同心同德、亲密合作，并肩作战40年，共同著书立说、创立科学社会主义理论的马克思和恩格斯，他们之间的友谊更值得全人类奉为楷模。对丰富人的情感生活、实现个性价值来说，不同层次的朋友并不排斥。在人生的不同阶段，随着世事的变迁和时间的验证，我们对朋友也有一个筛选和淘汰的过程。以志相交，方能坚如磐石；以心相交，方能成其久远。用心用情结交几个真正情投意合、"知心知己"的朋友，就可以给我们的生命长廊增添绚丽的色彩。

结交朋友，获得真挚友情，是人们心灵的呼唤，也是和谐社会的需要。在生活节奏加快、社会竞争激烈的今天，在充斥着讲求功利和应付掩饰的复杂人际关系中，人们尤其向往和寻求那种真实纯洁、自然放

交友之道在于真

松、张扬个性而又彼此尊重、和谐相处、团结互助的友情。正如巴金所说，获得这种真挚友情，犹如点燃生命中的一盏明灯。"离开它，生存就没有了光彩；离开它，生命就不会开花结果。"

交友的前提是识友。科学研究表明，人是唯一能接受暗示的动物。积极的暗示，会对人的情绪和生理状态产生良好影响，激发潜能、奋发进取；消极的暗示，会使人缺乏向上的压力、丧失前进的动力，不思进取、得过且过。从一个人的朋友圈可以看出这个人的志向和爱好，正所谓"近朱者赤，近墨者黑"，"物以类聚，人以群分"。曾国藩曾指出："一生之成败，皆关乎朋友之贤否，不可不慎也。"古人把识友看成识优，总结了很多值得借鉴的经验。《庄子·列御寇》列出了识友辨贤的方法，"君子远使之，而观其忠；近使之，而观其敬；烦使之，而观其能；卒然问焉，而观其知；急与之期，而观其信；委之以财，而观其仁；告之以危，而观其节；醉之以酒，而观其则；杂之以处，而观其色；九征至，不肖人得矣"。《史记·汲郑列传》则说，"一生一死，乃知交情；一贫一富，乃知交态；一贵一贱，交情乃见"。依笔者所见，在当今社会，倚富欺贫之人不可近，见利忘义之人不可结，口是心非之人不可交。那些为了蝇头小利汲汲营营、到处揩油算计的"兄弟""姐妹"，那

成就最好的自己

些对上阿谀奉承、对下颐指气使、互称"老大""老铁"的"酒肉朋友"，那些见到成功贴身分享、遇到患难抽身而遁的所谓"哥们""闺蜜"，那些华而不实、言而无信的"江湖朋友"，既没有道德修养，也没有善良之心，不是益友而是损友，只能远离不能近交。与这些人交往，不仅不能给你带来积极向上的动力，而且会给你带来消极暗示和负能量，浪费你的时间和生命，用鲁迅的话说，就是"无异于谋财害命"。

如何交到、交好朋友？这既是一场识友取友处友的人生体验，也是一种认识自我、发展自我、完善自我的生命历练。交友之道，其核心就是一个"真"字：真心、真情、真诚。

真心相待。维护朋友纯真友谊的基石，是真心实意。朋友关系的建立不是"一厢情愿"，而是两心相印。要平等相待、彼此尊重，不能因为地位、财富、学识的高低不同而居高临下或过度依赖。要"以心换心"、彼此信任，不玩心计、不耍心眼，说真话、办实事，有福同享、有难同当。要谦让接纳、彼此宽容，对朋友之间性格脾气的差异、说话办事方式的不同，要以豁达的态度接纳包容、互相认同。有的人四面讨好、八面玲珑，跟谁都一见如故，聊起来头头是道，看起来是个"朋友人"，实际上与谁都不愿掏

"心窝"、用真心，因为在他眼里，只有眼前的利益，没有永远的朋友。这样的人你愿意结交吗？只有真心交给你的人，才是真正值得深交的人。

真情相处。友谊之花需要用真情浇灌，才能常开常新。有些人终生一起共事，也不能成为朋友，有些人邂逅相逢，却意气相投、感情相吸。个中妙处，只有善处知友者得之。我有几个挚友，虽然性格脾气不同，工作性质有异，有的甚至远隔千里，但真情相处40载，在克难制胜中相互鼓励，在心情烦闷时相互抚慰，在一帆风顺时相互提醒，在身处逆境时相互扶持，既有指点江山的激情，又有为民请命的豪情，也有心灵融洽的柔情。尽管我们不常相见欢，但对曾经一起走过的阳光大道和独木小桥、一起经历过的峥嵘岁月和快乐时光，涓涓铭记在心。相聚的畅聊、电话的交流、微信的问候，都会感受到如沐春风的温暖。真情无言、大音希声。真情隐藏在"良言一句三春暖"的友好表达中，真情显示在"送人玫瑰、手留余香"的友爱互助中。真情相处，才能拥有真正的朋友和情分。

真诚沟通。诚信是交友的"试金石"，沟通是维系友谊的"立交桥"。"诚信者，天下之结也。""以诚感人者，人亦以诚而应。"缺乏真诚沟通，人和人之间就有了隔阂，心和心之间就有了距离，友情就难以延续，要抱着"三人行必有我师"的态度，虚心听取朋友的意见，善于发现朋友的优点，并以他人的长处补己之短；要经常"换位思考"，站在朋友的角度，体察他的所思所想，并根据他的情绪做出合理反应；要真诚坦率、与人为善，有了误会及时说明，有了意见及时提出，有了矛盾互相认错；要"道义相砥，过失相规"，既当挚友也当诤友。对朋友的缺点、错误诚恳批评，虽"忠言逆耳"，但"推心置腹"。被批评的一方闻过则喜，有则改之，无则加勉，批评的一方心怀坦荡，认真负责。这种休戚与共的"君子之交"，才是"以友辅仁"的交友之道。

驾驭你的情绪

情绪,是人们对外界客观事物的态度及其内心体验,如我们常说的人有"七情六欲", "七情"即喜、怒、哀、惧、爱、恶、欲,而人类最基本的情绪是快乐、愤怒、悲哀和恐惧。

情绪具有层次性。例如,快乐可以由满意、愉快、振奋到大喜、狂喜;悲哀则从遗憾、失望、伤感、悲伤、哀痛到悲恸。层次不同,人的生理反应和情绪表达也不一样。

情绪具有两极性。愉快、振奋、热爱、轻松等良性情绪可以成为事业和生活的动力;消极、焦虑、愤怒、嫉妒等负面情绪则会成为前进道路上的绊脚石。

情绪与健康长寿密切相关。据现代医学调查,人的健康长寿,遗传基因占15%,社会因素占10%,医疗卫生条件占8%,生活环境占7%,其余60%取决于自己,而其中排第一位的是心态和情绪。中医将人的情绪分为"喜、怒、忧、思、悲、恐、惊",七情太过或不及,都会影响身心健康,其中喜、怒、忧、思、恐为五志，五志与五脏紧密联系。早在两千多年前的《黄帝内经》就记载了"怒伤肝、喜伤心、思伤脾、忧伤肺、恐伤肾"的医理。西方医学心理学家也认为，难以宣泄的悲哀、忧郁、愤怒、惊恐，常常会导致疾病或使原有疾病癌变。所以，保持良好的情绪，对于防病祛疾、益寿延年，有着不可低估的作用。

情绪是生活中的双刃剑。适度的情绪表达有益于身心健康，而过度的情绪反应则会害己伤人。如愤怒，适度的愤怒有利于释放个体内心压力，而过度的愤怒则容易冲动并发生过激行为；焦虑，适度的焦虑会激励自己积极努力、奋发图强，过分沉溺于焦虑，则会使自己紧张不安、压抑郁闷，严重者甚至觉得度日如年、消极厌世，出现自杀行为。有句话说得好，情绪不是你生活的全部，却能左右你的生活。

情绪如同一匹烈马，如果自己不会驾驭和控制，一旦脱缰失控，就会带来巨大后果。现实生活中，有人因一时的矛盾，头脑发热，情绪爆发，失去理智，酿成惨祸的事例屡见不鲜。比如被一只苍蝇毁灭人生的路易斯·福克斯，路易斯是1956年世界台球冠军赛夺冠呼声最高的名将。最后一场夺冠比赛时，发生了一件小事：一只苍蝇落在主球上，路易斯挥手赶走苍蝇，俯下身准备击球。但是，那只苍蝇又飞回到主球上，他只好站起身再一次撵走苍蝇。可当路易斯第三次准备击球时，那只苍蝇又飞回到原地。这时，观众席上有人不由得开始嬉笑。愤怒的路易斯挥起球杆击打苍蝇，结果球杆碰到了主球，被裁判判为击球，失去了一次机会。之后，路易斯气急败坏、方寸大乱、连连失利，被对手反超，失去了唾手可得的冠军。第二天早上，人们在河里发现了他的尸体。这个悲剧，就在于路易斯未能驾驭自己的情绪，被急躁、愤怒的情绪牵着鼻子走，从失误、失利到自暴自弃、失去生活的勇气，让人生输给了情绪。

发泄你的情绪是一种本能，驾驭你的情绪是一种本事。正如亚里士多德所说，高兴、伤心、兴奋、惊讶、愤怒、沮丧，这些情绪是很常见的生理和心理状态，关键看你如何驾驭。要么你在驾驭情绪，要么情绪驾驭你，而你的心态和修养决定了谁是坐骑、谁是骑师。

保持乐观心态。在当今社会竞争激烈、生活节奏加快、工作高度紧张的大背景下，每个人都免不了经历低谷期，事业上的、感情上的、生活上的，都有可能；每个人都会与烦躁、焦虑、恐惧等负面情绪不期而遇。这个时候，我们不能任由那些负面情绪发酵升级，而要以积极乐观的心态来加以排解。《庄子·山木》篇中记载了这样一个故事：一个人乘船过河，到了河中心，发现有一只船要撞上来，于是勃然大怒、破口大骂，骂对方不长眼睛。等船撞过来一看，却发现对面船上没人，是个空船，于是满腔怒火瞬间消失。我们要把那些糟心的人和事当作"空船"来对待和处理，调整自己的情绪，放大自己的格局。

在现实生活中，我们不能预知自己的遭遇，生活很多时候也不是如我们想象的那么美好。也许为一件事努力很久，却依然事与愿违；也许很多次满怀憧憬和希望，最终得到的却只是徒劳和失望。漫漫人生路，有成功也有失败，有所得也有所失，对成功得失完全不在乎是难以做到的，但是过于计较、患得患失，凡事耿耿于怀、得失锱铢在心，成则轻狂，得意忘形，不可一世；败则懊丧，失望颓废，一蹶不振，负面情绪就会泛滥，心理状态就会失衡。保持乐观心态，就要锤炼坚韧不拔的意志、训练不屈不挠的性格、培养良好的心理素质，在遇到失利、挫折、难题和逆境时，胸有成竹、沉着应对，化解和矫正消极情绪，把握自己的命运。罗曼·罗兰说过："生活中只有一种英雄主义，那就是认清生活真相后依然热爱生活。"世事无常、得失正常。只要自己努力过、奋斗过、付出过，便心存坦然、心平气和。保持乐观心态，对成败得失、名利权位看得透、想得开、放得下，就会从容淡定地驾驭自己的情绪，正如诗人汪国真在诗中所写："我微笑着走向生活，无论生活以什么方式回敬我。报我以平坦吗？我是一条欢乐奔流的小河。报我以崎岖吗？我是一座庄严思索的大山。报我以幸福吗？我是一只凌空飞翔的燕子。报我以不幸吗？我是一根劲竹经得起千击万磨。"

人们心中的怒火常常是因为和他人的比较中点燃的。看大款腰缠万贯、一掷千金，看明星光环闪耀、前呼后拥，看同事官运亨通、提拔升级，看邻居挣钱容易、消费恣肆，就心理失落、情绪失衡，总觉得社会欠了自己、亏了自己，或愤愤不平、怨天尤人，或困惑不解、郁郁寡欢，有的甚至情绪冲动、失去理智，干出有损人格、有违法纪的事来。和别人攀比，容易在窥视别人的焦虑中烧焦自己的心灵；与他人生气，是拿他人的错误在惩罚自己。所以，乐观向上的人，往往工作上与贡献大的人比、生活上与标准低的人比，更多的是和自己比，让今天比昨天有起色，让明天比今天有进步，脚踏实地、创业干事。古语云："生命不过百，常怀千岁忧；百事从心起，一笑解千愁。"乐观向上的人，会开导自己、劝慰自己，"别和别人生闲气，别和自己过不去，不攀不比不纠结。"物质上有满足感、名利上存随缘心，人生才不会消沉；控制内心的欲望，远离庸常的攀比，人生才变得充盈。不以物喜、不以己悲，有了"宠辱不惊，看庭前花开花落；去留无意，望天空云卷云舒"的豁达和坦然，就会驾驭好自己的情绪，"以清净心看世界，以欢喜心过生活，以平常心生情味，以柔软心除挂碍"。

学会换位思考。任何事物都有两面性，没有绝对化。一个人自我意识、自尊心太强，别人稍有异议和冒犯，立马反弹，情绪激动，这就需要放下"自我"，换位思考，设身处地从对方的角度考虑、理解和宽宥。学会"心理换位"，就会遇事冷静、心态平和。和颜悦色肯定会比声色俱厉让人心悦，摆事实讲道理总会比歇斯底里让人信服，宽容和谅解一定会比伤害和侮辱更让人诚服。换个角度观察、站在对方思考，执着焦虑的情绪就会被理性乐观的情绪所替代，化烦恼为喜悦，化阴霾为阳光，在"山重水复疑无路"时进入"柳暗花明又一村"的境界。

学会换位思考，你就会怀揣友善之心、满含宽厚之情，看轻"自我"、看重别人，严于律己、宽以待人。当他人取得成功、比你冒尖时，不是顿生妒意或谤伤诋毁，而是默默追赶、奋发努力；当遇到不理解乃至误会、委屈之时，不是"以牙还牙"或操之过急，而是冷静对待，以行动感化他人。人生因不同而可爱，人又以包容不同而可赞。减少那些居高临下之态、傲才恃物之行、不近人情之举，原谅别人的过失、宽容别人的缺点、理解别人的难堪，自然就会有好人缘、好心情，从而避免情绪的激化，消除许多的矛盾，化干戈为玉帛，解积怨为友情。

学会换位思考是一种智慧。跳出三界外、不在五行中，转换角度思维，不仅提醒自己审时度势、与他人心灵对话，同时还会及时觉察自身的缺陷和不足，能够以乐观和感恩的心态求助于他人及社会资源，不断健全和完善自己，真正成为情绪的主人，在"知行合一"中克制愤怒情绪、摆脱消极情绪、克服紧张情绪、避免急躁情绪、顾及他人情绪，让负面情绪淡化和消化在自我调节之中。

合理宣泄情绪。一个人对情绪的驾驭力，是他对自己情绪的意识水平和管理能力。负面情绪宜疏不宜堵，如果不正确合理地寻找"出口"、加以宣泄，累积久了就会以极端方式爆发出来，所以要张弛有度、驾驭有方。首先要保持冷静、延迟判断。当你意识到产生愤怒、沮丧、悲哀等负面情绪时，不要轻易和急于对人和事下判断、定结论，因为在不稳定情绪下难以保证判断和决策的科学性。其次要主动沟通、倾诉交流。当你感受到负面情绪无法独自承受时，可通过网络、手机、书信来倾诉自己的忧伤，向亲朋好友交流自己的苦衷，一方面有助于释放压力、缓解情绪，另一方面在亲友的开导中获得支持和帮助。再次要转移注意力、放松自己。许多成功人士、有识之士在面对巨大压力时，都会发展自己的兴趣爱好，如滑雪、打球、旅行、娱乐等，转移自己对使自己产生负面情绪的事物的注意力。当你全身心沉浸在自己的兴趣爱好里，就会摆脱生活的琐碎、缓解工作的压力、淡化负面的情绪；当你户外运动和外出旅行，登上山巅、面向大海，风物长宜放眼量。个人的痛苦和压力在广袤的大千世界里微乎其微，再难度过的关坎过了今天都会是历史。聆听松涛，静观风雨，仰望星空，陶醉在蓝天白云、鸟语花香的大自然里，敞开心扉，与大自然对话，心情一定会舒展开来，感受到生活的美好和世界的精彩。

　　驾驭好你的情绪、保持情绪的稳定，标志着人格的成熟、修养的提升、胸襟的豁达。让我们在学习和实践中加强自我修炼，提高对情绪的驾驭力。

矫治嫉妒症

在日常生活中，我们身边不乏这样的人：自己相貌平平，就质疑别人的天生丽质；自己成绩不好，就贬低别人的学识才华；自己不够努力，就嘲讽别人的出色成就。这些，都是嫉妒心作祟，见不得别人出人头地，容不得别人胜己一筹。

嫉妒是一种在别人超越自己时产生的不满、怨恨和恐惧等成分在内的消极情绪。培根说过："嫉妒乃是一种属于恶魔的素质。"魔鬼之所以要趁着黑夜到麦地里去种下稗子，就是因为它嫉妒别人的丰收。嫉妒，是一潭祸水，淹没了智慧的光芒，泯灭了良知的火焰；是一副枷锁，锁住了心灵的美好，关闭了快乐的窗户；也是一把钥匙，打开了潘多拉魔盒，释放出了心中的恶魔。

嫉妒心是差别和比较的一种心理失衡，有着复杂的社会和个体成因。由于社会发展难以达到绝对的公平公正，个体在生存、发展中的先天条件和后天环境不同，而且面临着十分激烈的竞争：争名于朝，争利于市，争风吃醋于情场，争权夺利于官场，是人世间的一种常态。正如王安石所说，"嫉生于不胜"。每个人都有着在某个方面超越别人的愿望，当这种愿望无法实现时，就容易产生挫折感，导致对他人的不满和嫉妒。有些以自我为中心、好胜心强、得失心重的自私狭隘之人，与他人比较后更容易在胸中燃起熊熊妒火。

嫉妒心既带有一定的普遍性又有着不同的层次。心理学研究表明，在人类的一切情欲和心理变化中，嫉妒是比较广泛和根深蒂固的内心情绪体验。从某个意义上讲，我们每个人都会在不知不觉中嫉妒他人或者遭他人嫉妒着。

程度较浅的嫉妒，往往深藏于人的潜意识中，不易被人觉察。这是一种羡慕、竞争和嫉妒等心理因素自然积淀的混合体，如夫妻、情人之间的相互"吃醋"，看到同伴强于自己后的内心酸楚。浅层次的嫉妒往往会产生己不如人的一种不满足心态，只要正确认识、加以调节，就会转变为较劲、追赶的竞争意识和奋发向上的推动力量。

程度较深的嫉妒，已经呈现出难以自控的病态心理。就像鲁迅笔下的阿Q，他不管是好是坏，凡是自己有别人没有的，都要拿来作为压倒对方的资本，而别人有自己没有的，则心里不舒服、不平衡、不能接受，就连嚼虱子的声音不如王麻子大他也会气得发疯。只要同一群体的人出色、出众，无论是名誉、地位，还是学识、财富，甚至身材、相貌，只要超越自己，就会排斥、敌视、怨恨，就会变着法子挑你的刺、找你的茬、使你的绊，不仅冷嘲热讽、抱怨指责，而且无端滋事、造谣诋毁，甚至失去理智、过激中伤。

正像平常所说的"羡慕嫉妒恨"，嫉妒之心是层层递进、逐步加深的，关键在于自我调节和控制。吃不着葡萄说葡萄酸不可怕，可怕的是吃不着葡萄就把葡萄秧给你连根拔掉。

嫉妒是一种弱者自卑的心理疾病，往往发病于熟悉、亲近的人群中间。因为只有跑不快的人才盼望别人犯规罚下或跌跤倒地；自己没有本事挣钱，才把希望寄托在别人丢钱包上。他们幸灾乐祸、妒贤嫉能的指向往往是同学、同事、同伴，以及同一群体的同一水平的人中间。因为曾经"平起平坐"或是曾经"不如自己"，如今超越了自己，就记恨在心。不是吗？你或许会嫉妒你的朋友又在媒体上发表了作品，那么你会嫉妒拜伦、鲁迅么？你或许会嫉妒你的同事又搞出了一项小发明，那么你会嫉妒爱迪生、钱学森么？正如一位哲人所言，"乞丐不会嫉妒百万富翁，只会嫉妒比他多讨了一个馒头的乞丐"。

莎士比亚说过："嫉妒是绿色妖魔，谁做了它的俘虏，谁就要受到愚弄。"嫉妒心理具有对抗性、发泄性和破坏性的因素，既损害自己，也危害他人。

嫉妒是一种扭曲了的心态，难以正常思维、理性判断，容易产生偏见、以偏概全，蒙蔽了双眼、看不到实情，埋没了真知、荒废了才能；嫉妒以否定、排斥贤能为能事，挖空心思、千方百计压制或者打击别人，损害了团结合作、阻碍了工作和事业发展；"士有妒友，则贤交不亲；君有妒臣，则贤不至"，嫉妒者唯我独优、妄自尊大，与他人缺乏真诚的沟通、交流，难以结交到知心朋友和合作伙伴，破坏了良好的人际关系。如果一个群体中，嫉妒形成了小气候，"红眼病"流行，就会损害他人的成长、妨碍事业的进步。

嫉妒是缺乏自信和极端自私者手中的一把双刃剑，往往以害人开始、害己告终。自私狭隘与嫉妒心理是一对伴侣，如影随形。由于个体需要无法满足、妒火无处发泄，就会自悲孤鸣、自怨自艾，自我折磨、自作自受，聚郁成疾、摧残身心；如果胸中妒火更旺，背后使绊、暗箭伤人、诽谤诬陷，遭打脸后只能是自取其辱；倘若嫉妒心态失去控制，恨字当头、怒气攻心，还会做出偷盗、抢劫、毁容、投毒等违法勾当，自掘坟墓。《三国演义》中的周瑜，虽为一世英杰，但因嫉妒心太重，千方百计为难诸葛亮，在被诸葛亮棋高一着的三气之后，只能仰天长叹"既生瑜，何生亮？"活活气死。可想而知，周瑜的英年早逝，实质上是心中疯长的嫉妒这株毒草毒死的。

嫉妒是人生中的一种常见病、多发病，并不是不治之症。《红楼梦》中的贾宝玉，曾经寻求"妒妇方"和"疗妒汤"，来治愈他人的嫉妒病。殊不知，嫉妒心并不是一贴膏方和几剂汤药就可以根治的，需要对症下药，自我调理，才可以减轻症状、消除病痛。

学会豁达。豁达的人生态度来自宽广的胸怀，而"人之心胸，多欲则窄，寡欲则宽"。只有正确对待个人的浮与沉、起与落、得与失、成与败，看淡看轻名誉、地位、金钱这些身外之物，才能看得高远、想得透彻、舍得放弃；才能明白"山外青山楼外楼""强中自有强中手"，既不妄自菲薄，也不妄自尊大，既不嫉妒他人，也不裹足不前，而是听从内心的指引，追寻快乐的生活。

懂得宽容。宽容是人际间的理解、尊重和包容，只有懂得宽容，才能与他人换位思考，真诚沟通、平等交流，将心比心、推己及人，在对自己科学定位人生目标的同时，不对他人求全责备，而是以宽厚和祝福的心态看待他人对自己的超越；只有懂得宽容，才能处理好扬长避短与取长补短的关系，在吸取别人之长

　　　　　　　　　　　　　　成就最好的自己

补自己之短的同时，充分认识自己的禀赋和潜能，将视线转移到"我拥有的"而不都是"我想要的"，扬己之长，自信自强，坚定地走自己的路，努力成为最好的自己。

完善自我。培根指出："嫉妒是一种四处游荡的情欲，能享有它的只能是闲人。"确实如此，如果我们每个人都埋头于学习、工作，哪里还会有闲情逸致去嫉妒他人。只要聚精会神、潜心致志，做自己有兴趣、有梦想的事，就会内心丰盈、乐在其中，而不会产生嫉妒之心。知识的精华既能填补时间的空白，又能灌溉心灵的空虚。只要多读书、读好书，以知识不断丰富自己，同时经常自我反省，与心灵对话、以道德砥砺，就可以实现自由而全面的发展，完善人格、提升素养、增强理性，用坚定的意志自如地驾驭嫉妒心态和欲望。

勇于竞争。戒除嫉妒心的关键是把嫉妒化为参与竞争、积极向上、超越自我的动力。因为竞争是承认人与人的差异为前提的，优胜劣汰是其本质要求。积极参与公平竞争可以锻炼与培养人的挫折承受能力，也可以推动群体间的团结合作。勇于竞争的奋斗者、成功者享受着奋斗的幸福和成功的喜悦，是无暇也无意嫉妒别人的。

戒除嫉妒他人之心态，还必须化解招致嫉妒之困扰。遭人嫉妒，只要不是玄虚、夸张地故作炫耀，说明你一定有着自己的长处和优势。面对嫉妒，不妨冷眼视之、宽容待之、泰然处之，任他飞短流长，我自步履从容，"不管风吹浪打，胜似闲庭信步"。嫉妒是弱者自设的大陷阱，却是强者奋起的新台阶。我们决不能在"枪打出头鸟"的嫉妒中畏首畏尾、趑趄不前，更不可重蹈"峣峣者易折"的覆辙，消沉颓废、一蹶不振，而应在嫉妒中增添自信自豪之志，焕发创新创造之力，以新的风采昭示你的人格力量，以新的成就展现你的自我价值。

远离溜须拍马人

在日常生活和工作中，我们不难发现，有的人在领导和上司面前，卑躬屈膝、曲意逢迎，甜言蜜语、阿谀奉承，吹捧的言辞令人肉麻、讨好的媚态令人恶心。这种人，就是我们通常所说的溜须拍马人。

溜须拍马，也叫"拍马屁""马屁精"，是讽刺那些不顾客观事实、专门谄媚讨好以博取对方欢心的一种行为。"溜须拍马"一词的由来众说纷纭。"溜须"一词据说源于宋代，名相寇准有一门生叫丁谓，一次进餐时，寇准胡须上沾上了饭粒，丁谓瞧见了，赶忙上前将饭粒从其胡须上小心顺下，极其奴媚之态，后人称其为"溜须"。"拍马"一词有一说源于元朝，蒙古人是游牧民族，马匹是主要代步工具，人们牵马相遇时，出于礼貌，通常要拍一下对方的马屁股，了解马骠并随口称赞几句，以取得马主人的好感。久而久之，"拍马"或者"拍马屁"就成了奉承、讨好他人的代名词。

马屁文化繁衍生息和溜须拍马人走红，是封建专制、个人专断、吏治腐败的衍生物，与此有关的各种奇闻趣事不胜枚举。有一则《颂屁》的笑话比较经典。一秀才病死来到阎王殿，刚好阎王放了一个屁，秀才立即吟道："伏惟大王，高耸金臀，洪宣宝屁，依稀乎丝竹之声，仿佛乎麝兰之气；臣立下风，不胜馨香之味。"阎王听了大喜，赐酒一杯，又多许他十二年阳寿，放回人间。十二年后秀才来到地府，小鬼上殿禀报："启禀大王，十二年前做放屁文章的秀才又来啦！"

从古至今，类似《颂屁》的人和事屡见不鲜，现代社会仍有少数活跃在官场商场的"拍马强手"：直接公开歌功颂德的有之，曲里拐弯褒扬唱诗的有之，例如："提出了引领全球发展的××方案"，"创作了轰动世界的史诗般作品"，"论导师的崇高感和师娘的优美感"，等等。笔者曾目睹耳闻，一位机关干部在卫生间碰到自己的上司，连忙退后恭敬地招呼："×厅长，您亲自来上厕所啦！"因为过去经常奉承领导"亲自批示""亲自部署""亲自指挥"，所以溜须拍马的习惯用语脱口而出。

有人认为，溜须拍马人懂得赞扬，是人际关系中的一种策略。其实，赞扬与拍马屁有着本质的区别，一个是由衷的佩服，一个是假意的奉承；一个是实事求是的夸赞，一个是不切实际的夸张。也有人认为，溜须拍马人懂得变通，是做人精明的表现。是的，人是要与时俱进，适应社会的发展。但是，最精明最有效的适应，并非是面临环境变化时的改装变色、改头换面，而是在瞬息万变的形势面前能把握住自己、控制住自己、一心一意完善自己；不是无主见的迎合，也不是无条件的盲从，而是一种沉着冷静、淡定从容的个性和遇到坎坷不退缩、不放弃的精神。

回顾历史，观照现实，溜须拍马人有着三个基本特征：

一是精于奉承。溜须拍马人除了会耍嘴皮子、吹大喇叭，会抬轿子、写吹捧文章，会跟风发帖、喝彩叫好，还深谙拍马的技巧和艺术。有人形容，谄媚者拍马的过程如同他们吃烤红薯的过程——对刚从灶膛里拿出的烤红薯，他们要先"拍"（拍去灶灰），然后慢慢地"吹"，等红薯不烫了，才双手捧起，用嘴慢慢地"舔"。他们往往会察言观色，看人说话，看子下棋，善于揣摩上司和老板的心意，投其所好，实时跟进恭维语言和奉承文章；会见风使舵，在有部分事实依据的前提下适度夸张，以最恰当的力度，拍得恰到好处；会巧言令色，常常自轻自贱，或以第三人称的角度，自然流露，不着痕迹，如同对被拍者虚荣心痒处的搔挠，使其心里舒服、听着受用。如果不讲技巧，一味地靠脸厚嘴甜、"无事献殷勤"，甚至不分场合，连上司如厕也要曲从拍马，就会弄巧成拙、适得其反，拍马屁拍到了马腿上。三国时的诸葛恪就是一个精通拍马技艺的人。一次，孙权问他，"你父亲（诸葛瑾）和你叔叔（诸葛亮）谁更优秀？"诸葛恪不假思索，"我父亲！"孙权道："你叔叔在蜀国地位尊崇、治国有方，你父亲只是我手下一名普通官员，你凭什么说他更优秀？"诸葛恪答道："因为他知道跟随圣明的主上啊！"孙权被拍得心花怒放，高兴地笑了。

二是工于心计。溜须拍马人信奉的是千穿万穿马屁不穿，会拍马才能骑上马。他们擅长投机钻营和"谋权之术"，看上去拍的是上司和老板，实际上窥伺的是权力和利益，所付出的奴颜媚骨甚至色相钱财，都是用以实现权力和利益增值的成本。应该说，无论在官场还是商场，多数人都对马屁文化嗤之以鼻，对溜须拍马人保持警惕。所以，拍马者和被拍者一拍即合，其实质是权与利的博弈，各取所需、各得其所。上有所好，下必趋之，"楚王好细腰，宫中多饿死"。有的掌权者总是以老百姓"父母官"和"救星"自居，做了一点小事，出了一点成绩，就要老百姓感恩戴德，他们出于对名利、地位的追求和威信、声望的提高，不仅得益于溜须拍马人的恭维和逢迎，有的还会组织喇叭网军、轿子团队为自己呐喊助威。

拍马者则唯马首是瞻、攀龙附凤、狐假虎威，马屁拍得震天响。被拍的掌权者陶醉于马屁声中，不但会晕头转向、失去正常的判断力，还会把拍马者引为心腹、用作股肱，以拍马、听话、忠诚划线发展关系网，搞起结党营私的"小山头""小圈子"。拍马者工于心计的目标是骑马，他们通过溜须拍马谋取官职、捞到利益后，必定会恣意妄为。如宋代那个"溜须"的丁谓，在拍得寇准信任、攫取权力后，随即向寇准开刀，欲置之死地而后快。

三是善于伪装。溜须拍马人往往是"双面人"，在权贵面前是一副脸色、一种腔调，在下属和同伴面前又是另外一种脸色、一种腔调；平日里，他们伪装成待人谦卑、和蔼可亲，表现得唯唯诺诺、忠厚老实，一旦时来运转，拍马成功上位，旋即盛气凌人、飞扬跋扈、颐指气使。他们媚上欺下、欺软怕硬，对上司极尽溜须拍马之能事，俯首帖耳，千依百顺，对自己不待见的伙伴和同事，则会打小报告使阴招黑招，为了拔高自己贬低别人，搬弄是非，挑拨离间，甚至造谣诽谤。大汉奸周佛海就是一位善于伪装、精于拍马的政治投机分子。20世纪30年代末，他为了拍汪精卫的马屁，竟称"相信主义要达到迷信的程度，服从领袖要做到盲从的程度……"汪精卫被拍得心满意足、骨软筋酥，伪政府成立后委任了周佛海一堆要职。结果呢？没两年，周佛海已经暗中向重庆投诚，并且接受了"相机诛除汪精卫"的秘密任务。

孔子说过："巧言、令色、足恭，左丘明耻之，丘亦耻之。匿怨而友其人，左丘明耻之，丘亦耻之。"对那些溜须拍马之人，我们不妨豁达面对、冷静观察，看清他们柔情背后的"蜜意"、笑脸背后的"藏刀"。相处之道就是：不屑为友，避而远之。

马屁文化之所以滋长蔓延，溜须拍马之所以小人得志，与社会生态密切相关。一个文明健康的社会，有着科学、民主、依法决策机制和科学的育人、选人、用人机制，官僚主义和官本位思想必定会受到抑制，溜须拍马人的生存和发展空间也必然会大大收窄，甚至会成为千夫所指、众矢之的。

鲁迅曾提醒人们谨防"捧杀"，法国有句谚语说得更形象："为歌功颂德烧的香，熏黑了偶像。"如果封建政治遗毒不清除，天下只闻颂扬声，敢于直言、勇于批评的人被"棒打"甚至"棒杀"，总有一天，有些人也会被溜须拍马者的甜言蜜语、胡乱吹捧所"捧杀"。

也许你一个鼓励的眼神，就能让一个消沉的人走出阴影；也许你轻轻伸一下手，就能让一个绝望的人收获希望；也许你微不足道的一点钱，就能让一个辍学的贫困生重返学堂；也许你为花草树木浇一点水，就能让人类共同的家园增添绿色温馨。只要人人都献出一点爱，世界将变成美好的人间。

心地善良 处处阳光

　　善良，是人们发自内心深处的纯真、温情、体贴和慈爱，也是自身良好素质的体现。正如雨果所说："善良的心就是太阳。"心地善良，处处阳光。这是人性的光辉，这是道德的光芒。

　　善良，是沟通心灵的桥梁、联结情感的纽带，也是构建和谐社会的基石。无论岁月如何变迁、时空如何转换，心地善良，都是我们生活中不可缺少的优良品质。人生之旅，本来就充满着坎坷和纷争。抑恶扬善，让有限的生命在宁静祥和中得以延伸，应该是所有怀揣善良之心的人们共同的企求。但是，面对市场经济和利益竞争的社会现实，有的人因为善良被误解为软弱和窝囊，有的人因为善举遭到陷害上当受骗，有的人看到伪善者、作恶者不择手段掠夺了财富、窃取了名利，把善良与"无用""吃亏"画上了等号，于是，那颗曾经晶莹的善良之心被尘土侵袭包裹，结成了厚厚的茧，麻木和防范的心理越来越重。"人善被人欺，马善被人骑""各自打扫门前雪，休管他人瓦上霜"，竟成了不少人生活中遵循的金科玉律。这就形成了一个怪圈：人们内心都期望受他人友善相待、善举相助，又高筑心灵的壁垒，处处设防、冷漠待人。在我们向现代化阔步迈进的今天，时代呼唤着善良，人们渴望着善良，人际间更需要善良。善良之声可以回响，善良之光可以映射。只要我们依照自己的善良初心，拥有善良、珍惜善良、播种善良，就会让善良产生无声的感化、带来生活的温暖、增加社会的和谐、焕发精神的动力、装点美好的人间。

善良是一种美好的德行。罗素说过："在一切道德品质中，善良是最重要的。"善良不是讲在嘴上、写在纸上、流于形式，而是来自心灵深处的感情精华；善良不是在寺庙多么虔诚跪拜，而是在生活的细微之处彰显；善良不是偶尔做件善事，而是一辈子都不泯火友善的初心；善良不需要财富的腰缠万贯，也不需要权势的叱咤风云，要的只是怜悯之心、关爱之情和奉献精神。大家都听说过"持灯女神"南丁格尔的故事。南丁格尔出生在显贵的家庭，但她心地善良，理想是拯救更多的人，于是放弃无忧无虑的生活，选择了当时低层的职业去当一名护士，护理前线的伤兵。通过她和同事的努力，使前线伤兵死亡率大大下降。那些呻吟的士兵一看到南丁格尔手提灯的亮光，就像看到慈善的天使，感受到无限温暖和爱意。她所到之处，伤兵们都俯下身去吻她的影子。善良的德行，就是这样美好和充满魅力。

善良是正确的世界观、人生观、价值观之花结出的果实，其核心是无私奉献。那种利欲熏心、贪得无厌、"拔一毛利天下而不为"的人是不可能有善良德行的。善良的心地不是凭空而来，是在道德教育、环境熏陶和社会实践中逐渐形成的。所以，拥有善良，必须有信念、常修身、多积累。有信念，追求真理、追求正义、追求真善美、追求和献身实现中华民族伟大复兴的事业。有了这种崇高的信念，就会有正确的善恶观，从而善恶分明。常修身，经常读书学习、内思反省，去恶扬善、唯善是举，使心地善良的萌芽，在阳光照耀和雨露滋润下长成参天大树。多积累，就是常行善举、积善成德，依靠道德修养和道德实践的养成和积累，实现善良的人格升华。这样，即使不能居庙堂之高来兼济天下，也可以处江湖之远独善其身。

善良是一种深沉的智慧。与人为善是谦恭待人而不是低三下四。那种居高临下之态、傲才恃物之行、不近人情之举，只能制造人际间情感的隔膜。只有以谦和之心对话、以善良之举助人，才能缩短心灵的距离、找到情感的慰藉，并且体验到人情味的妙趣、感受到人世间的和美。与人为善是内化于心、外化于行，而不是空洞无物的说教，它体现在善解人意的体谅之语中，体现在春风化雨的循循善诱中，更体现在扶危济困的以身作则中。善良容不得虚伪。对于那些当面一套、背后一套甚至笑里藏刀、口蜜腹剑的伪善之人，总会冷静观察、识破伪装，从而"择真善人而交，择君子而处"。善良不是无原则的一团和气，而是有自己的底线和尺度。因为不是所有的人对善良投桃报李，也会有冷嘲热讽、无理要求甚至以怨报德，现实生活中还经常上演"农夫和蛇""东郭先生和狼"的现代活剧。一只绵羊看见屠夫用刀宰它时反而对他说："小心你的手！"这不是真正的善良品性。没有对恶的主动抗衡和斗争，就是对自己的伤害。好善与嫉恶相辅相成。善良的智慧不仅仅是是非分明、疏恶避丑，而应是路见不平、拔刀相助，及时亮剑、敢于斗争。电影《教父》中有一句台词："没有边界的心软，只会让对方得寸进尺；毫无原则的仁慈，只会让对方为所欲为。"对作恶之人不能心慈手软，对伪善之人不能迁就忍让。善而不软、善而不迁，才是一种深沉的智慧。

善良是一种优雅的气质。心地善良，就会心胸开阔，将自我和他人都看作平等自由的主体，去欣赏、宽容和帮助他人，并懂得换位思考、将心比心，站在他人的角度观察、思考问题，尊重人、理解人、关心人。善良的人，只会吸取别人的长处，不会盯着别人的短处。正如大海不会嘲笑一条小溪，因为小溪再浅，也能滋润一方田野；太阳不会讥讽夜晚的月亮，因为月亮代替它，在黑夜给人们带来柔和的光亮。与善良的人交流，不需要拐弯抹角；与善良的人交友，不需要顾忌设防；与善良的人为伍，往往心灵得以开启、视野得以开阔、智慧得以开拓。

心地善良，就会豁达安详，具有"风雨不动安如山"的气质。人生天地间，"不如意者十之八九"，行善者也会吃亏上当、流泪受伤。但是，不以物喜，不以己悲，乐观通达，一如既往地播种善良，灵活自如地应对是非曲直、起落毁誉，就会永远保持对生活的热情，扬起生命的风帆远航。

心地善良，就会美丽端庄。相由心生，心善则美。因为"君子坦荡荡，小人长戚戚"，"多行不义必伤身"。与人作恶，或是心胸狭窄、妒贤嫉能，或是阴谋鬼祟、伤神疲体，或是厚颜无耻、贪婪无度，常常杯弓蛇影、草木皆兵、四面楚歌，其行失节失态，其心惶惶不安，如入炼狱、如堕火海。而善良者不忘初心、胸襟坦荡，微笑着面对现实，永远充满着自信，快乐就像涓涓细流，时时在眼眸里流光溢彩。正如托尔斯泰所说："生活中的善越多，生活本身的情趣也越多。"曾以《罗马假日》夺得奥斯卡影后的奥黛丽·赫本，不仅有着漂亮的容貌、过人的演技，更拥有一颗金子般善良的心。她是最早披露马里儿童因内战和干旱遭受困苦的外国人士之一，还在埃塞俄比亚投入大量精力救助贫困儿童，甚至在病重后，她还会念念不忘那些孩子们。她告诉自己的家人，"我最依依不舍的不是自己的生命，而是被饥饿折磨的孩子，你们要帮助他们"。赫本的善良赢得了人们的尊敬，获得了比容貌、演技更长久的魅力。

善良是一种传递的火炬。《道德经》曰："无道无亲，常与善人。"老天不会偏袒任何人，更不会亏待善良的人。爱出者爱返，福往者福来。善良不是一方对一方的索取，它是对等的感应与回敬。虽然善良并不计较回报，但善良的人懂得感恩，有着"滴水之恩，涌泉相报"的心态。当善良与善良相遇，就会律动彼此的心跳、产生心灵的共鸣：你予我宽厚，我对你谦让；你遇危相助，我遇难相帮。"善人者，人亦善之。"大家接力传递善良的火炬，善良之光就会照亮别人、温暖世界。"六尺巷"的故事给了我们很多启示。清朝有名的重臣张廷玉与一位姓叶的侍郎都是安徽桐城人。大家比邻而居，都要起房造屋，为争地皮，发生了争执。张老夫人便修书京城，要张廷玉出面干预。没想到，张廷玉看罢来信，立即作诗劝导老夫人："千里捎书只为墙，再让三尺又何妨？万里长城今犹在，不见当年秦始皇。"张老夫人见书明理，立即主动把墙往后退了三尺。叶家见此情景，深感惭愧，也马上将墙让后三尺。这样，张、叶两家的院墙间，就拓为六尺宽的巷道，成了有名的"六尺巷"。

"善为至宝，一生用之不尽；心作良田，百世耕之有余。"赠人玫瑰，手有余香；播种善良，收获希望。让我们承前启后，接力传递善良这一社会文明的火炬，迈向光明灿烂的明天！

做一个幽默有趣的人

　　无论是日常生活，还是社交场合，和幽默风趣的人相处，就会亲切愉快、气氛融洽。枯燥的会议因他出语诙谐而轻松活泼，严肃的谈判因他妙语解颐而打破僵局，热闹的聚会因他谈笑风生而欢乐红火，……有幽默感的人，自然会线上"圈粉"多、线下朋友广，成为人际关系中一道亮丽的风景线。

　　什么是幽默？幽默是英语单词humour的音译，指的是令人发笑而意味深长的语言、文字、画面等。《辞海》上的解释是"通过影射、讽喻、双关等修辞手法，在善解人意的微笑中，揭露生活中的乖讹和不通情理之处"。从本质上讲，幽默是人的思想、学识、品质、智慧和灵感在语言中综合运用的结晶。它对于调节人际关系，化解矛盾纠纷，减轻生活压力，修正完善人生，有着一种催化作用。

　　恩格斯曾指出："幽默是具有智慧、教养和道德上的优越性的表现，幽默属于有趣的人。"几年之前，中央电视台就"什么是魅力"做过一次采访调查，少

　　　　　　　　　　　　　　　　成就最好的自己

数人认为财富是魅力，部分人认为颜值有魅力，多数人则回答有趣才有魅力。是的，"好看的皮囊千篇一律，有趣的灵魂万里挑一"。要想拥有持久的征服人心的魅力，单靠财富、颜值不行，有趣可以。因为幽默感强的人有品位、有历练、有情怀，不狭隘、不盲从、不矫情，性格开朗、谈吐风趣，热爱生活、充满激情，积极乐观、真诚待人，有着独特的亲和力和人格魅力。

幽默是一种睿智的待人处事方式。它像一座桥梁，拉近人与人之间的关系，弥补人与人之间的鸿沟。它给周围的人群带来喜悦和欢乐，使人们在忍俊不禁时不知不觉被吸引、被感染。德国有位叫乌戴特的将军患有谢顶之疾，一次宴会上，服务生倒酒时不慎将酒泼到了他那光亮的头上，全场顿时鸦雀无声，服务生更是悚然而立、不知所措。这时将军站了起来，拍着服务生的肩膀说："小兄弟，你认为这种治疗有用吗？"全场随即爆发出了笑声，尴尬化为无形，人们紧绷的心弦松弛了下来，将军也因他的大度和幽默而显得可亲可敬。

幽默是一种成熟的心理防卫机制。它始终戴着"乐观"的眼镜观察世界、笑对生活，以情趣消解沮丧与痛苦、化解挫折与逆境。一位企业主管因营销业绩不好受到了老板斥责，同事们都来同情安慰他，他却摇摇头风趣地说："老板批评得对，我还要从自己身上找找原因，不能一便秘就怪地球没引力。"大家一听都笑了起来，心理压力也随之冰释。英国戏剧家萧伯纳是一位幽默大师。一天，他在街头被一个骑自行车的人撞倒，受了轻伤，但惊吓不小。那个骑自行车的人惶恐不已，立即扶起萧伯纳并连连道歉。然而，萧伯纳打断了他说："不，先生，您比我更不幸。要是您再加点劲，那就可以作为撞死萧伯纳的好汉而名垂史册啦！"幽默感给了萧伯纳极大的自制力控制情绪，同时在妙趣横生中化干戈为玉帛，使对方也摆脱了困境。

幽默是一种积极的能量传递和分享。具有幽默感的人不但会选择自嘲以云淡风轻的态度与自己内心和解，而且善于把自己具有生命力的能量赋予他人，给他人带来温暖和快乐，与他人分享对生活的自信、理解、热爱和创造，让家人、同事和朋友经常在回味无穷的"笑料"里，得到深刻的哲理和启迪。在新冠肺炎疫情防控工作中，大家都在宣传守望相助、共克时艰，各种通告满天飞。一个社区居委会则贴出这样一个告示："各位居民朋友，我们这里没有雷神山，没有火神山，也没有钟南山，惹上病毒只有抬上山。所以请大家少出门、不串门，共同防疫情。"幽默风趣的告示内容随即被居民口口相传，甚至贴到了网上。

成就最好的自己

比起那些七不准、八禁止的通告动员力更强，也更容易被人们所接受。

幽默是一种能动的驾驭生活魔法。它能把一切竞争、挑战中产生的不安、焦虑、苦涩、郁闷化为人生的甘霖，潇洒自如地驾驭着生活之舟劈波斩浪。美国著名学者戴波曾这样介绍自己："我家世代都遗传忧郁症，我的祖父和我的父亲都因为过度忧郁而早逝。令人庆幸的是，我学会了幽默，用灵魂去发现生活中实际存在的、而往往被恶劣环境和世俗淹没了的许多美好和有趣，常常笑逐颜开。从此我不再东愁西虑了。我之所以活到这样高的年龄，全是幽默这位恩人所赐。"我国书法大师启功先生66岁时就自己写好了墓志铭："面微圆，皮欠厚。妻已亡，并无后。丧犹新，病照旧。六十六，非不寿……"冷酷的死神看了这么幽默有趣的人，也笑着不忍心下手了。于是，积极乐观的启功先生又快乐地生活了27年，直到93岁病逝。

幽默感不是与生俱来的，而是后天培养的一种思维方法和表达方式。幽默不是油腔滑调，也不是讽刺嘲笑，更不是乱放口炮。正如一位著名作家所言："浮躁难以幽默，装腔作势难以幽默，钻牛角尖难以幽默，捉襟见肘难以幽默，迟钝笨拙难以幽默，只有从容、平等待人、超脱、游刃有余、聪明透彻，才能幽默。"要使自己的人生幽默有趣，必须从知识、品德、智慧、能力等方面内外兼修。

丰富的知识储备。幽默是一种睿智，建立在丰富知识储备和坚实文化底蕴的基础之上。一个人要有广博的知识，并且融会贯通、善于创新，才能做到谈资丰富、妙言成趣、令人发笑、引人深思。因此，培养幽默感，必须广泛涉猎、博览群书、充实自我。在今天这样一个知识与信息爆炸或者说呈几何级增长的时代，我们每天都可以通过便捷的途径和媒介接触各种知识与信息。除了多读书、读好书、活读书，扩大知识面外，还要注重学思结合、知行统一，努力提高自己的感知力、辨别力和判断力，使幽默了然于胸、信手拈来、挥洒自如。

优良的道德品质。列宁曾评价幽默"是一种优美的、健康的品质"。老舍先生则鲜明地指出："幽默者的心是热的，他必须和颜悦色、心宽气朗地去揭示事物的可笑之处，善意地规劝或纠正。不同于浅薄的、无聊的、琐屑的玩弄字眼。"培养幽默感，应当具备与人为善、助人为乐的优良品德，将自己和他人都当作平等自由的主体，去欣赏、宽容和体谅他人，并富于"同理心"，善于换位思考、将心比心，尊重人、理解人、关心人，在遇危相助、遇难相帮中发挥幽默的作用，使幽默之光照亮别人、温暖世界。那种尖酸刻薄、冷嘲热讽或者巧舌如簧、鄙俗揶揄绝不是真正的幽默，而是缺德的恶语伤人和戏弄耍宝。

豁达的生活智慧。豁达、乐观是幽默的一对密友。人生幽默有趣，必定有着积极乐观的心态、持续保持对生活的热情。不以物喜，不以己悲，一如既往地播种快乐，机智灵活地应对是非曲直、起落毁誉，这是一种耀眼的智慧之光。有人认为，中国人的幽默不如西方人，这是片面的。我国唐诗宋词、元代戏曲、明清小说等古代文学作品，都把幽默作为艺术的真谛，笑如林、喻如海、寓如渊、趣如云，较之西方更广深、更绝妙。当然，受长期儒家礼教影响和思想束缚，国人的幽默多表现为自嘲、俏皮等，显得更加含蓄委婉。正如英国著名作家威廉·萨克雷所说："生活是一面镜子，如果你对它笑，它就对你笑；如果你对它哭，它也会对你哭。"心胸豁达宽厚，无得失之烦心，有自乐之恬愉，自嘲而不自轻，自律而有所成，这是一种多么水深土厚的人生自信和生活之趣。

机敏的应变能力。研究发现，幽默感强的人比缺乏幽默感的人IQ值更高。因为加工与表达幽默需要机智的感知能力和应变能力。试想，聊天聊几十年前的老段子，做事循规蹈矩、反应迟钝，自然会令人感到无趣。而要取得驭平显奇、化危为机，推陈出新、绝处逢生，化险为夷、反败为胜等幽默的最佳效果，需要通透的洞察力、丰富的想象力和独具匠心的创造力配制而成。这种创造幽默的力量虽然来自个体的知识积累、生活体验、良好素养和智慧结晶，但从社会学的视角，通常也是生逢盛世而勃发。新的时代是激励人们奋斗出彩的时代，也是人们释放幽默潜能、完善有趣人生的时代。我们要以与时俱进的应变和创新，使幽默成为促进自我发展和社会和谐不可或缺的艺术才华。

"生活会用平淡沉沦我们的热情，而幽默能让你跟强悍的现实打成平手。"让我们增强幽默感，做一个有趣的人，努力活成自己喜欢的样子，拥有多姿多彩的人生。

心中有爱天地宽

爱，是人类最美的语言，没有哪一个字眼比"爱"更让人陶醉。人们赞美爱、渴望爱，期待爱的融合和滋润。"眼里无恨三冬暖，心中有爱天地宽"。当爱的花朵在我们灵魂深处绽放的时候，就可以远离喧嚣、拭去冷漠、淡化纷争，给生命的蓬勃成长、生活的自由拓展创造无限广阔的天空。"爱之花开放的地方，生命便欣欣向荣。"梵·高的这句话，道出了爱的真谛。

爱，是人类文明的结晶。在我们的人生旅途中，到处都散发着爱的光芒：对祖国、家乡的热爱，对父母、师长的敬爱，对同学、同事的友爱，对老弱病残的关爱……只要你怀着一颗真诚和感恩的心细细寻找，去感受、去理解、去传递，就会发现，爱的清溪，在我们身边静静地流淌；爱的火种，点燃了人生的希望。心中有爱，生活就会处处阳光，步步生香。

爱，是一首诗，是一幅画，也是一场交响乐。自爱是序曲，友爱是抒情曲，大爱则是这场优美交响乐的高潮乐章。

自爱，是心中有爱的基础。"欲人爱，必先自爱"，意识到自我、懂得自爱是健全的人生的前提。只有爱护自己的生命、爱惜自己的人格，对自己足够好，并努力做最好的自己，才能更好地爱他人、爱社会、爱事业。所以，自爱，是人生的一场必修课。

自爱的主题是善待自己而不是挥霍自己。生命是人的自然之本、无价之宝，也是人生所有美好的前提。但在生活中还有不少这样的人，总觉得自己年轻力壮、年富力强，有大把的时间和精力去挥霍，或者忙起来废寝忘食，长期超负荷运转；或者闲下来吃喝玩乐，毫无节制，长期沉溺其中，损耗元气，结果却将健康搭了进去。甚至有的人一旦遭受不幸和挫折，就为了自己的解脱而草率结束生命。这种不懂得善待自己、珍惜生命的人，是不能真正理解"自爱"的意蕴的。要知道，敬畏生命，保持身体健康和生命活力，才是最好的自爱，也是对自己、对家人、对社会最大的负责。

自爱的本质是自尊而不是自恋。人们时常把自爱与自尊相提并论，是因为自尊与自爱互为表里。尊重自己自然会爱惜自己的"羽毛"，爱惜自己才尊重自己的情感和意志，不愿使之受到伤害。自爱的人自尊自重，在任何场合都维护自己的尊严和人格，甚至"士可杀不可辱",把人格和尊严看得比生命还重要。他们不会为了私欲出卖灵魂,苟且偷生;不会昧着良心卑躬屈膝,献媚钻营;更不会在诱惑面前利令智昏,铤而走险。屠格涅夫说过:"自尊自爱,作为一种力求完美的动力,是一切伟大事业的渊源。"自尊的人,是有理想有抱负的人,他们总是以高尚行为和美好心灵展现自己形象;自尊的人,每天坦荡地生活、快乐地付出、由衷地感恩,在向他人输出和辐射自尊自爱中获得内心的充实和丰盈。而自恋者则是将自爱发展到了极端,一切以自我为中心,自命清高,唯我独尊,一味地孤芳自赏,顾影自怜。自恋的人只爱自己,不爱他人;看重自己,看轻他人;羡慕自己,嫉妒他人,往往自我封闭、作茧自缚,与焦虑、抑郁如影随形,给自己戴上了沉重的精神枷锁。不走出自恋的樊笼,就难以走进自爱的境界,创造快乐的人生。

自爱的伴侣是自信而不是自负。自爱与自信相辅相成、相得益彰。对自我的热爱、生命的热爱、生活的热爱,能够形成厚重的自信。而自信又是一粒生命力旺盛的种子,在爱的沃土中随时可以破土而出、茁壮成长,并开出绚烂夺目的花来。自信源于对自我学识、才能、潜力的感知,也源于对自身缺点和不足的觉醒。从某种意义上说,自信是自暴自弃的终点,是自强自立的起点。自信的人,在纷繁复杂的生活中,能估量自身的价值、选择应处的位置、确定人生的追求，脚踏实地而不浮躁虚妄、奋发进取而不随波逐流、勇于创新而不故步自封。而自负则是过分看重自己、过高估量自己，恃才傲物、狂妄自大，顺境时往往心浮气躁、盲目冲动，逆境时往往心灰意冷、见异思迁。可见，自信是一种真实的表里如一的自爱，自负则是一种虚伪的徒有其表的自欺。守住自信、摒弃自负，爱我所爱、展我所长，即使不能成就一番大事业，也可以营造出一片壮观的人生景致。

友爱，是心中有爱的要义。高尔基说过："谁要是不会爱，谁就不能理解生活。"与他人友好相处、相亲相爱，既有基于血缘、亲情、感恩的伦理和文化因素，也有人们对和谐社会、互助友情的向往和期待，因为生活中还存在许多自私、冷漠、凶残和暴力。所以，友爱，是我们尊重人类价值的自觉意识。

什么是友爱？西方流传的"地狱"和"天堂"的故事，对友爱的刻画入木三分。有个人问上帝："什么是地狱，什么是天堂？"上帝对他说："来吧，我带你去亲眼看一看。"于是，上帝带他走进一个一群人围着一大锅肉汤的房间，每个人看上去饥饿不堪、营养不良，一脸的绝望神态。这群人手里都拿着一只可以够到锅的汤匙，但汤匙柄比他们的手臂长，没法将食物送到嘴里。然后，上帝带他又走进另一个房间。和第一个房间没什么不同，一锅汤、一群人、一样的长柄汤匙，但每个人都很快乐地吃着喝着、笑语阵阵，脸上充满着喜悦，因为他们互相用自己的汤匙在喂着对方。原来"地狱"和"天堂"的差别就是这样简单：大家友爱互助，就可以营造出美丽而快乐的"天堂"，自私自利的人混迹到一起，只会成为痛苦而悲伤的"地狱"。

　　友爱贵在真诚奉献。爱的核心是付出，是给予爱。无论是父母对子女的疼爱、子女对长辈的孝敬、夫妻恩爱、兄弟亲爱，还是朋友之爱、同志之爱，都要真心相待、真情相处、真诚奉献。真诚，是在平等前提下的真心诚意。这种平等，是一种人格意识上的平等，是抛开了地位和利益的差别而形成的心灵契合。奉献，就是遇难相助、遇事相帮，就是赠人玫瑰、手留余香，就是像蜡烛一样燃烧自己，用自己的生命之光照亮别人、温暖别人。前行中的一次鼓励、寂寞时的一声问候、烦闷时的一个抚慰、困难时的一把帮扶，尽管形式不同，强弱不一，都体现了真诚奉献的友爱之心。友爱，既需要春风化雨语言的表达，更需要以身作则行动的付出。言行一致是真诚奉献的内在要求。那种成天把"爱"挂在嘴上，夸夸其谈、华而不实、言而无信甚至当面一套、背后一套，只是一种虚伪的欺骗，绝不是真诚的友爱。

友爱重在分享传递。"心中有爱天地宽，与人分享情更浓"。分享爱心、传递友爱，是一种分享幸福、传递力量的神奇魔法。中华人民共和国成立70周年国庆盛典，就是一场成功的爱国情感的分享、交流和传递。从隆重颁授国家勋章和国家荣誉称号，举行盛大阅兵仪式和群众游行联欢，到各地纷纷开展歌唱祖国快闪、"向祖国告白"、"在国旗下宣誓"、参观新中国成立70周年成就展等活动，汇聚了气势磅礴的爱国主义潮流，增进了海内外儿女对中华民族的归属感和自豪感。这种对祖国真挚的爱又拓展并与爱党、爱社会主义，与强国之志、报国之行紧密联系、融而合一，激发起了民族复兴的强大力量。爱出者爱返，福往者福来。爱向来是相互的交流，若只是一方给予，另一方心安理得地享受而拒绝付出，就会导致对方爱的减弱，直至爱的消失。尽管心中有爱的人并不计较对等的回报，但也渴望爱的分享交流，产生爱的心灵共鸣。从家庭来看，一个爱情不专、三心二意，随处抛洒情感的"花心人"，很难得到婚姻的幸福；从社会来看，一个只图享受社会福利和他人相助，不愿履行社会责任和义务的人，也很难融入和谐社会的群体。每一个人多一分爱心，少一分隔膜，这人世间才会增加一份温暖。

大爱，是心中有爱的升华。大爱来自宽阔博大的胸怀，来自科学真理的信仰，来自优秀道德的实践，来自"我为人人"的品格。大爱是超世脱俗的，面向整个人类社会、面向人类共同生活的家园。大爱的能量是巨大的，它能使冰川消融、万物苏醒、生机盎然、人际和谐、生命安康。

大爱无疆。这种爱超越了种族、文化和意识形态的隔阂，使我们找到了共同的对人类价值的强烈关怀。由于大爱，社会便有了赈济灾民、收容难民、扶贫助残等活动，有了更多的理解、沟通、宽容、人道和文明。大爱，既有深沉的爱祖国、爱家乡、爱人民情怀，也有强烈的关爱人类社会共同命运、人与自然和谐发展的情感。大爱，珍惜生命和生活给予我们的每一点赐予，珍爱地球这个人类共同生活家园的多样化的生物。我家院子里有棵高大的桂花树，枝干交织、叶茂花香。我常常在树下仰望，这棵树就像一个大家庭，所有的枝条相依相守，和睦相处。偶尔，大风袭来，枝条也会相互摩擦甚至抽打，但大风过去，又相互抚慰，紧紧相拥。我想，大爱，就像这棵桂花树，展开温暖而宽阔的怀抱。人类社会是一个大家庭，我们每个人都是其中一分子，相互包容、互助友爱，就会创造出花香四季、缤纷五彩的生活来。

大爱无敌。这种爱会显示无穷的凝聚力：众志成城、同仇敌忾，风雨同舟、和衷共济，一方有难、八方支援，让生命有新的希望，让希望充满阳光。它是飓风来临时的避风港、地震发生时的救援队、战场伤兵的救护站、矛盾纠纷的调解员，它是沟通心灵的桥梁、化解矛盾的良药、增进和谐的黏合剂。在任何欺骗、罪恶和凶残面前，它都所向披靡。大爱，与日月同在、与江河同流、与文明同辉。野火烧不尽，春风吹又生。大爱如和煦春风，吹奏春天乐章，使生灵万物勃发生机。中华文明五千年生生不息、薪火相传，其中很重要的原动力，就是中华民族优秀的仁爱文化和大爱美德。

大爱无私。大爱没有华丽外表、是朴实无华的，无须语言修饰，是心灵深处的，不求对应回报，是无私无畏的。它是面对生死时"人生自古谁无死，留取丹心照汗青"的从容，它是贫困潦倒时"安得广厦千万间，大庇天下寒士俱欢颜"的情操，它是"把有限的生命投入到无限的为人民服务中去"的赤诚，它是"倡导平等、互鉴、对话、包容，构建人类命运共同体"的担当。父母对子女的爱是无私的，如高山般厚重，如海洋般深远，如蚕丝般连绵不绝；老师对学生的爱是无私的，它让每个孩子都尽情享受师爱的雨露，让孩子的每一天都沐浴在师爱的阳光里；中国共产党人对人民的爱是无私的，始终把国家的兴衰、人民的苦乐放在首位，始终为人民的幸福、民族的复

　　　　　　　　　　　　　成就最好的自己

兴勤勉奉献，甚至不惜牺牲自己的小家乃至宝贵的生命。这才是人间的大仁大爱、大德大义。

大爱无声。也许你一个鼓励的眼神，就能让一个消沉的人走出阴影；也许你轻轻伸一下手，就能让一个绝望的人收获希望；也许你微不足道的一点钱，就能让一个辍学的贫困生重返学堂；也许你为花草树木浇一点水，就能让人类共同的家园增添绿色和温馨。只要人人都献出一点爱，世界将变成美好的人间。

"三宽"方有气度

气度，指人的气魄和度量，是其综合素质体现出来的内在气概和外在风度。一个人的气度，决定了他精神境界和事业提升的高度。宽心、宽厚、宽容，方能使人气度恢宏。

宽心是自我修养

雨果说过："世界上最宽阔的是海洋，比海洋更宽阔的是天空，比天空更宽阔的是人的胸怀。"胸怀宽广，就能站得高、望得远，想得开、看得透，拿得起、放得下。

宽心有着自我约束的定力。人生在世，免不了会有各种诱惑：金钱、美女、名誉、地位，等等。只有主动修为、以静宽心，正确对待个人的浮与沉、起与落、得与失、成与败，以慎独的定力，"心不动于微利之诱，目不眩于五色之惑"，从而守住方寸、立得端正、行得稳健，不至于乱了生活的脚步，正所谓"人之心胸，多欲则窄，寡欲则宽"。

宽心有着人生旅行的豁达。辛劳和苦难，是人生旅行中必需花的旅费。人生不如意事十之八九，难免会经历坎坷、陷入困境、遭遇痛苦，对学业无成、恋爱失意、家庭变故、事业挫折等，宽心的人视为在旅途中跋山涉水过狭路跨险桥；学业进步、事业有成、得到心仪的伴侣、实现阶段的目标，当作到达一个风景区后尽情欣赏美妙风光；对同行者，相遇了彼此相携相伴，岔道口分手时道一声祝愿祝福。

宽心有着宠辱不惊的坦然。得大机遇而不狂喜，遇大坎坷而不悲怜，不在得与失的纠缠中裹足不前，不在进与退的纠结中浪费时光。宽心的人深谙"悦人者众，悦己者王"的道理，听从内心的指引，脚踏实地走着自己的路，不献媚讨好他人，不费心处处钻营，不是随波逐流、拼尽全力活成别人喜欢的样子，而是追寻心灵的自由和快乐，努力活成自己喜欢的样子。即使遇到波折和逆境，"行至水穷路自横，坐看云起天亦高"，心宽路也宽，路不转心转，拐弯向前，又会开创新的天地，迈向新的征程。

宽心有着修身养性的功效。君子坦荡荡，小人长戚戚。心胸狭隘的人，与人斤斤计较，争强好胜，自悲孤鸣，自找气生，容易聚郁添疾；心胸宽广的人乐观满怀，无忧无虑，凡事顺其自然，遇事处之泰然，将每天的日子过得快乐而丰盈。俗话说，"心宽体胖"。宽心，确实是健身祛疾、延年益寿的绝妙良方。

宽厚是人生智慧

韩愈《原毁》曰："古之君子，其责己也重以周，其待人也轻以约。"君子所为，往往要求自己严格，对待别人宽厚。宽厚，就像黑暗中的一束光、干涸中的一丝雨、炎烈中的一缕风，它是化解矛盾纠纷的利器、促进人际和谐的基石。

宽厚有着大度者的真情。宽厚不是挂在嘴上、露在脸上，而是来自心灵深处的感情精华；宽厚不是一时的迁就和忍让，而是长期坚持的厚道德行。它体现在善解人意的肺腑之言中，体现在春风化雨的慈祥笑容中，体现在团结互助的友爱行动中。周恩来总理理发的故事广为流传。一次，理发师为周总理刮脸时，总理咳嗽了一声，刮脸刀不小心把他的脸刮破了。理发师十分紧张，不知所措。周总理和蔼地说："不用紧张。这不能怪你，是我咳嗽前没有向你打招呼。"从这桩小事，我们看到了周总理真情真诚宽厚待人的气度和魅力。

宽厚有着自律者的克制。研究表明，"人在愤怒的那一个瞬间，智商几乎等于零"。"怒"字是一个"奴"加一个"心"，当一个人发怒的时候，就成了"心"的奴隶，成了情绪的奴隶。愤怒的情绪如同一匹烈马，如果不加以控制，就会拉着你头脑发热、怒气攻心，失去理智、冲动过激，给他人也给自己带来危害。宽厚待人，其实就是宽厚自我。在克制欲望的同时克制自己的情绪，就可以在喧嚣面前从容淡定，在纷扰面前微笑应对。

宽厚有着宽宏者的睿智。古人曰："惟宽可以容人，惟厚可以载物。"对同事、对朋友、对家人宽厚礼让，能赢得更多的友情、亲情；处理人际矛盾宽厚谦和，忍一时风平浪静，退一步海阔天空，可以化干戈为玉帛，赢得更多的理解和尊重。如果互不相让，互怼不休，或者睚眦必报、以牙还牙，只能激化矛盾、伤人害己。但是，宽厚也是有底线、有担当的。那种口未言而嗫嚅、足未进而趑趄，战战兢兢，唯唯诺诺，遇到矛盾绕道而行，碰到恶行忍气吞声，绝不是真正的宽厚之道，正如鲁迅所言，只是"无用的别名"。

宽容是高尚品德

"海纳百川，有容乃大"。正因为大海接纳和包容了所有江河小溪，才有了无比壮观的广阔浩渺，才有了气吞山河的涌浪巨涛。对一个社会来讲，宽容度是衡量社会文明与进步程度的标志之一；对一个人来讲，宽容度则是人的文明素养和道德修养的重要尺度。

宽容是中华文化繁荣发展的特性。许倬云先生在《万古江河》一书中指出："中国文化的特点，不是以其优秀的文明去启发与同化四邻。中国文化真正值得引以为荣之处，乃在于有容纳之量与消化之功。"中华文化源远流长，正是由于能够包容并吸收各种文化的优秀因素，才能够生生不息、绵延不绝、繁荣至今。

宽容是人际间的理解与包容。英国有一句谚语：世界上没有不长杂草的花园。人与人之间更是如此，价值观念不同、生活习性有异、兴趣爱好多样，只有相互理解和包容，才会有丰富多彩的生活和共建共享的社会。"宽"就是对不同思想和认识允许共存，"容"字是两个"人"和一个"口"，可以理解为自由表达，畅所欲言，也可以理解为一个人诉说，一个人倾听。"虽然我不同意你的观点，但是我有义务捍卫你说话的权利。"这句话大家都知道，但只有宽容之人才能真正领悟并付诸行动。人生因不同而可爱，人又以包容不同而可赞。邻里团结和睦需要宽容，夫妻白头偕老需要宽容，团队协作共事需要宽容，社会文明和谐需要宽容。没有了宽容，人与人之间就会相互排斥、冷漠隔阂；没有了宽容，国与国之间就会相互对立、兵戎相见。

宽容是博爱的胸襟和境界。宽容不仅是日常生活中待人处事的人生态度，更是一种博爱情怀，是"将军额上能骑马，宰相肚里能撑船"的大境界。要容异，善于换位思考、沟通交流，将心比心、推己及人，求同存异、彼此相容；要容过，对他人的过错，既不能冷嘲热讽、恶语相对，更不能落井下石、棍棒相加，毕竟"过而能改，善莫大焉"；要容嫌，对曾经欺骗过、伤害过自己的人，不要耿耿于怀，而要不计前嫌，"春风化尽千层雪，相逢一笑泯恩仇"。在我国现代汉语词典中对"宽容"有这样的解释：宽大有气量，不计较或不追究。克制性的心存芥蒂的原谅，不是真正的宽容，只有那种虚怀若谷，不记、不究的宽恕和容忍，才是真正的宽容；无原则的一味忍耐和退让，也不是真正的宽容，只有以"人间正道"为准绳，把主动权掌握在自己手中的宽恕和容忍，才是真正的宽容。

宽容是一种无声的教育，有着巨大的力量。正如苏霍姆林斯基所说："有时宽容引起的道德震动比惩罚更强烈"，宽容，能够勉励、启迪、指引着过错者或伤害你的人走向道德法庭的被告席，接受自己良心的审判，反省纠错，弃恶从善。宽容，能够团结更多人合作共事；宽容，容易成就一番大事业。李世民宽容魏征的"直言进谏"并加以重用，成就了历史上著名的"贞观之治"，蔺相如宽容多次羞辱自己的廉颇，留下了"将相和"的千古佳话。莎士比亚名剧《威尼斯商人》中有这样的一段台词："宽容就像天上的细雨滋润着大地，它赐福于宽容的人，也赐福于被宽容的人"。给别人留一些余地，你自己得到的是一片蓝天；给别人留一点后路，你自己得到的是更广阔的前途。

宽心、宽厚、宽容，既是素养和品格的升华，也是快乐和幸福的源泉。人生"三宽"，气度不凡，必将使你时常沐浴于宽心造就的阳光下、陶醉于宽厚酿成的醇酒中、置身于宽容编织的花丛里，体悟到人生美好的真谛。即使生活给了你再多的不幸和磨难，也能在天地之间，写出一个光彩夺目的"人"字。

乐业、敬业与精业

三五好友相聚，聊起了"中国制造"与"中国智造"，聊起了国人的职业理想与职业精神，聊起了人生的匠心与出彩，由此引出了乐业、敬业与精业的话题。

乐业，就是热爱本职工作。俗话说："三百六十行，行行出状元。"这些状元都有一个共同的特点：对自己所从事的职业有着执着的热爱和兴趣，让人生的价值在职业岗位上体现出来。正如阿拉伯文学家纪伯伦所说："如果有一天你不再寻找爱情，只是去爱；你不再渴望成功，只是去做……一切才真正开始。"生活的真谛不是别的，就是兴趣、热情和专注的努力。

爱一行，才能干一行、钻一行。如果不把自己的工作看成是社会分工和自我发展，而视为谋生手段和生活代价，甚至鄙视、厌恶自己的工作，就难以产生兴趣和热情。如果一个厨师只是想着"做美味佳肴，挣更多收入"，往往很难使自己的手艺精湛，只有抱着

"做美味料理是我最喜欢、最快乐的事情"，才能在忘我的境界中追求厨艺的卓越。

乐业，需要正确的人生思考和职业选择。电视剧《辘轳、女人和井》的主题歌中有这样一段歌词："生活就像爬大山，生活就像趟大河"，不能"闭上眼睛就睡，张开嘴巴就喝，稀里糊涂过河……生活就得前思后想，想好了你再做！"想好了再做，也就是对人生和职业进行认真的思考和选择。选择需要正确的自我认知，剖析自己的才能和志趣、潜能和潜质、优势和不足，使职业选择与自己的爱好和兴趣相投、与自己的能力、智力、体力相配；选择还需要正确的价值认知，把自己从事的专业和职业同国家利益、人民利益的追求结合起来，将小我融入大我。正确选择、怀揣梦想、富有激情，"爱岗乐业，以事其业"，就会在平淡中见奇，寻常中出彩，在小舞台上演出大戏剧。

南京理工大学的王泽山院士是我国著名的火炸药专家，他在火炸药这一艰苦、危险领域的第一线耕耘了60余载，将关键核心技术牢牢掌握在中国人自己手中。他说过，我一辈子只想做好一件事情，因为祖国的需要就是我一生的追求。专业无所谓冷热，职业无所谓高低，只要国家需要，任何专业和职业都可以"光焰四射"。

职业的选择，既不能好高骛远，又需要与时俱进。近年来，大数据、物联网、人工智能等新兴技术广泛应用，使传统产业加速迈向高端化、智能化、绿色化，智能硬件装调员、区块链工程技术员、企业合规师、健康照护师、网络直播销售员、网约配送员等新职业应运而生。职业没有高低贵贱之分，只要付出辛勤努力，就会得到社会认可、取得相应回报，"功崇惟志，业广惟勤"始终是不变的人生哲理。在职业选择日益多元的今天，只要顺应发展趋势，焕发挑战激情，脚踏实地奋斗，就一定能够在新职业的舞台上放飞梦想。

敬业，就是敬畏本职工作。敬业，是一种优秀的职业操守和职业品格。对职业有了敬畏之心，才不会有丝毫的懈怠，才能以认真、严肃、负责的态度，勤勤恳恳，兢兢业业，把工作做得极致。

敬业，要义是勤奋。业精于勤荒于嬉，无论是学业还是职业，都是一分耕耘，一分收获。高尔基说过："天才出于勤奋。"我国也有句古语："台上十分钟，台下十年功。"有些人常赞叹别人的命运好，羡慕别人的成绩大，却没有看到荣誉和鲜花背后别人付出的千辛万苦。职业的成就、事业的成功，都是勤勉付出的回报，心血汗水的结晶，绝不是免费的午餐，也永远不会不期而至。没有等来的辉煌，只有拼来的精彩。

齐白石笔下的墨虾栩栩如生，是因为他有着一生未改的规矩，"不教一日闲过"，每天练画七八个小时。正是这种勤奋，练就了他一手画虾的绝技。为了"阐旧邦以辅新命"，冯友兰在85岁高龄时仍笔耕不辍，决心撰写《中国哲学史新编》，历时10年，终于完成这部皇皇巨著。以梦想为帆，以勤勉作桨，百事可做，百业可成。

攀登人生和职业阶梯的时候，必须记住，每一个阶梯只是让你踏到更上一层，而不是让你坐下休息。在艰难和困苦、挫折和失败面前，意志动摇和轻言放弃的人终将一事无成；自强不息、锲而不舍、百折不挠，你所挥洒的汗水，都将化作鲜花归来。

敬业，关键是目标。给自己一个职业目标，就是每天给自己一个希望、一份信心，这个希望和信心是激发生命潜能的催化剂。古罗马哲学家塞涅卡曾说过："有人活着没有任何目标，他们在世间行走，就像河中的一棵小草，他们不是行走，而是随波逐流。"哈佛商学院曾对1000名青年人职业目标进行跟踪调查，3%有十分清晰长远目标的人，25年后成了社会各界的精英、行业领袖；10%有比较清晰短期目标的人是各专业各领域事业有成的中产阶级人士；60%只有模糊目标的人胸无大志、事业平平；27%毫无目标的人生活在社会的底层。敬业者无一不是抱着坚定的目标，在本行业、本领域担大任、干大事、成大器、立大功的。没有目标，就没有敬业奋发的动力和追求梦想的激情。而只有激情的挑战，才能够一扫安逸生活滋生出来的慵懒和沉闷，才不会置身于枯燥乏味的职业中消沉颓废，才能在陷入困厄的低谷时唤起奋起拼搏的力量。

精业，就是精通本职业务。将精益求精内化于心、外化于行，笃定职业理想的初心，追求精湛的专业技艺，把事情做得极致精准，让产品和项目趋于完美，体现了高尚的职业价值的追求。

"没有最好只求更好"是精业的特质。"心心在一艺，其艺必工；心心在一职，其职必举。"从一桥飞架三地的港珠澳大桥到风驰电掣的京张高铁，从北斗卫星导航系统到空间站天和核心舱，一个个超级工程、一件件国之重器，背后都是敬业者的心血和付出。一时兴起，不可能将工作和工艺做到极致，只有坚持职业理想，才能投入整个身心，进入道技合一、循美至善的境界，以"拼命三郎"的韧劲实现厚积薄发。那些最终练就一身"独门绝技"的大国工匠和能工巧匠，尽管职业不同、身份各异，但"执着专注、精益求精、一丝不苟、追求卓越的工匠精神"却是共同的品质。只有以"择一事终一生"的执着专注、"干一行专一行"的精益求精、"偏毫厘不敢安"的一丝不苟、"千万器成一锤"的卓越追求，才能在平凡的岗位上干出不平凡的业绩。

雄厚的专业技术技能是精业的基础。"学如不及，恐犹失之"，扎实的专业知识和精湛的专业技艺，是靠勤学苦练得来的。只有勤于学习、善于学习，不断向书本学习、向实践学习、向群众学习，以严谨认真、追求完美的态度，提高自身专业能力，方能以技艺突破和品质提高实现精益求精。

匠心独运求创新是精业的灵魂。超越自我、追求卓越就是要实现"更上一层楼"，勇攀职业高峰和行业顶峰。共和国的宏伟大厦是由一个个行业、一个个岗位的"砖瓦"筑就的。立足平凡岗位，人人创新创优，"百职为是，各举其业"，就可以汇聚起全面建设社会主义现代化的磅礴力量。因此，我们要面向世界、面向未来，坚定追求卓越的目标取向，倡导勇于探索的创新精神，不断革新、不断突破，求精通、谋创新、出精品，共同唱响昂扬的"中国制造""中国智造"壮歌。

乐业、敬业与精业，相互联系、相辅相成、相得益彰。乐业爱岗、敬业笃行、精业奉献，就如同一枝彩色画笔，能够绘就"最美"人生、书写卓越篇章。

人要有底线思维

人们在日常学习、工作和生活中，经常会听到、想到底线这个词。例如，升学考试的录取分数线、国家法律法规的红线、家庭伦理和社会道德的底线，等等。所谓"底线"，就是做任何事情必须坚持的最低的界限、标准、原则、要求和规定，即做人、做事、行为、行事的"边界"。一旦突破这个临界点，就会产生不可估量的危害、导致难以承受的后果。而底线思维，则是以底线为基本导向，客观地设定最低目标，立足最低可能值并争取最大期望值的一种思维方式。

底线思维是一个人自信自强、成长成功的重要基石。为什么有的人一旦生活不顺心、不如意，学业碰到坎坷、事业遭受挫折，就一蹶不振、"破罐子破摔"甚至出现自杀的极端现象，一个重要原因，就是缺乏底线思维，凡事只想着最好的结果，没有考虑最坏的结局，看事情只看一面，或者只看背面，看不到背后的问题和隐忧，对困难估计不足、对风险预测不够，盲目乐观、心存侥幸，最后难以承受意料之外的后果。事实告诉我们，有了底线思维，才会有积极向上的生活态度和人生追求；有了底线思维，才会有真正的自省自律，进入"从心所欲不逾矩"的人生境界；有了底线思维，才会有备无患、遇事不慌，牢牢把握主动权，达观从容地朝着人生的既定目标进发。

底线思维是一种居安思危、有备无患的人生智慧。自然是多变的，社会是复杂的。在充满发展机遇也面临生存挑战的今天，人生之路不可能如主观所愿一帆风顺，风险和危机随时有可能出现。"备豫不虞"，凡事从坏处准备，努力争取最好的结果，就可以及时发现、化解各种风险和危机，驾驭事物发展的进程；"乘势者智"，对事物的发展，认清形势、感知态势、洞悉趋势，就可以因势而谋、顺势而为、乘势而上。

底线思维是我们在人生旅途中应当学会并坚持的一种科学思维。提高底线思维能力，在学习和实践中练就"拨云见日、见微知著"的本领，就能够做好应对风险挑战的预判和准备，努力将矛盾化解于未然，将风险化解于无形，使人生的征程跟上时代的节拍、展现更大的作为。

保持生命的健康和活力。生命对于每一个人只有一次，不可复生，也无以永恒。世界对每个人而言，就是他的世界，是他所及的世界。失去了生命，也就

成就最好的自己

失去了世界。人生的要义在于生命的保有和发展，任何更高层次的追求都应该以此为底线。从这个意义上说，底线思维是珍惜和善待生命的思维。珍惜生命，才会珍惜青春、爱情、家庭、事业，才会热爱生活、善待世界。一个不知道珍惜自己生命的人，是不会善待世界一切美好事物的。

珍惜生命，需要我们每个人发自内心地认可自己、喜欢自己、取悦自己，不因家世和财富自轻自贱，不因年龄和容貌自惭形秽，不因生活的琐碎而放弃梦想，不因暂时的挫折失去自我，以平常心看世界、待自己，坦然接受自己的缺点和不足，并且永不停歇地打磨自己、修炼自身。

当然，生命的状态还必须是可持续的，这就是健康。"身体是革命的本钱，健康是幸福的基础。"生命的健康，既包括身体的健康，也包括心灵的健康。因为，一个思想颓废、精神萎靡不振的人，无论身体多么强壮，都难以有丰富多彩的人生。保护生命健康这个人生最大的资本，需要科学合理的营养、科学适度的运动和科学文明的生活方式。

健康的生命一定是充满活力的，这种活力在于它的开放性和理想性。人生天地间，"天地"之广大无奇不有，"人生"潜力之深厚难以穷尽。热爱生命的"热爱"，不仅是生命的维持和保护、珍惜和善待，也是对生命的宽容和奉献、创造和超越。因此，我们要充分发挥主体能动性，不断地认识自己、更新自己、超越自己，将有限的人生融入无限的理想之中，从而激发出生命的全部潜能。诚然，保持生命的活力，并不是要每个人都去成就一番伟大的事业，只要我们热爱生命而不辜负生命和浪费生命，自信笃定地以自己喜欢的方式追求理想的生活，就是有活力、有价值、有意义的人生。

坚守道德和法律的红线。作为一个成年人，在任何时候都有自由意志，但这种自由意志并不意味着可以为所欲为，而是有着做人做事的公共底线，这就是道德和法律的红线。崇德守法，你才能真正获得自由发展。

坚守道德和法律的红线，就要谨防贪欲、拒绝诱惑。"纵欲易，节欲难，纵欲如崩，节欲如登。"众所周知，天有阴晴风雨，人有七情六欲，谁都不能在诱惑面前无动于衷，关键看你能否明道德、守法度，不越底线、不踩红线、不碰"高压线"。古今中外，多少人在权力、金钱、美色的诱惑下，跨越红线，闯进雷区，沉溺其中，不能自拔，一发而不可收，一失足而成千古恨，不知不觉成了欲望的囚徒、坏了身家性命。

心存敬畏，方能行有所止。人生在世，无一不在追求一个"利"字，正所谓"天下熙熙，皆为利来；天下攘攘，皆为利往"。但是取"利"有道，必须公平竞争，义中取利，合法合规，合乎人情。铤而走险攫取不义之财，最后只能身败名裂、人财两空。节制利的贪欲、拒绝一两次诱惑并不难，难的是终身不染。思有所"虑"、心有所"戒"、行有所"惧"，始终敬畏道德的力量和法律的威严，才能坚定守住底线的意志。

对于每个人而言，守住做人做事的公共底线是起码的自律。而且，由于人的素质、境界有异，所理解的底线也不一样。从一定意义上讲，底线思维是弘扬高尚道德的思维，可以激发人的精神动力，成就理想人格。一旦道德防线守不住，其他的防线也会失守。因此，我们应当明大德、守公德、严私德，坚守法治底线和廉洁底线，"不因善小而不为，不因恶小而为之"，努力使自己的内心操守、处事行为融入社会主义的价值取向。

增强风险和忧患意识。底线思维的核心，就是风险和忧患意识，"居安思危，思则有备，有备无患"。把形势看得更复杂一点，把挑战想得更严峻一些，做好应对最坏局面的准备，这是底线思维的着力点。

忧患意识根植于中华民族优秀传统文化，是千百年来中华儿女应对自然风险、进行社会治理的智慧精华。从"祸兮福之所倚，福兮祸之所伏""君子安而不忘危，存而不忘亡，治而不忘乱"到"生于忧患，死于安乐"，再到"忧劳可以兴国，逸豫可以亡身"，这些传世警示名言，都是中华民族忧患意识的思想标志和鲜明特质。

忧患意识着眼于风险预判和防患未然。凡事预则立，不预则废。学会预制是培养底线思维的关键。"明者防祸于未萌，智者图患于将来。"预判风险所在是防范风险的前提，把握风险走向是谋求战略主动的要义。只有预先看到前途和趋向，及时察知萌芽中的危险，事先做好计划准备，才能自如地驾驭风险、从容地应对风险、及时地化解风险。底线思维与战略思维一样，均具有预见性、前瞻性的未来导向。但在特定情境下人的认识能力是有限的，而客观事物是在不断发展变化的，未来之事有许多是难以预知的，随时都可能出现偶然的，意外的事件，这就需要我们常怀戒慎之心、增强忧患意识，深谋远虑、未雨绸缪、防微杜渐，下好先手棋，打好主动仗。

当前，国际形势波谲云诡、国际环境复杂敏感，我们面临的矛盾和风险不是减少而是大大增多。如果我们对此缺乏清醒认识，就可能陷入被动甚至发生危机；如果消极等待，就可能贻误发展时机，造成无法弥补的损失。所以，增强风险和忧患意识，其着眼点和落脚点都是直面风险、迎接挑战、攻坚克难、破解难题、化解矛盾、化危为机。

追求幸福美好的生活。底线思维不是单纯的守成防御思维，也不是简单的"不求有功但求无过"的消极怠惰思维，而是奋发向上的积极进取思维，包含着"乱云飞渡仍从容"的战略定力和"不到长城非好汉"的进取精神。我们注定在一个不完美的世界中存在，各种风险、危机始终如影随形。但是，人是有思想、追求意义的存在物。有了这种创造人生意义的主观能动性，就有了应对和战胜风险、危机的勇气和智慧。生活的理想是为了理想的生活，人生的终极意义在于幸福。我们设定底线、预判风险，目的是为了底线发力、把控风险，实现对幸福美好生活的向往。

追求幸福美好的生活，必须筑牢根基。所谓根基，就是一个人的德才学识、耕耘奉献以及安不忘危、成不忘败的立身之基。所以，我们应始终保持一颗好奇心和进取心，与时俱进，加强学习，久久为功，不断提升能力素质。"略裕于学，胆经于阵。"只有在游泳中学会游泳，在斗争中学会斗争，在"风吹浪打"中经风雨、见世面，练胆魄、壮筋骨，磨意志、长才干，才能面对艰难迎难而上、面对危机挺身而出，做疾风劲草，当烈火真金。

幸福美好的生活，不是靠喊口号喊出来的，也不是敲锣打鼓就能到来的，而是艰苦奋斗干出来的、努力拼搏拼出来的。无数事实证明，在风险和危机面前，主动迎战才有生路，敢于斗争才能成功。因此，我们应该直面跌宕起伏的生存机遇，以"踏平坎坷成大道，斗罢艰难再出发"的顽强意志，应对挑战、战胜困难。唯有如此，才能显示我们自己的生存意义和生命力度。

当今世界，突如其来的新冠肺炎疫情使百年之未有大变局加速演进，不稳定、不确定因素明显增多。守护和创造幸福美好的生活，迫切需要我们每个人提升底线思维能力，以如履薄冰的谨慎和破茧成蝶的勇气，努力在危机中育新机，在变局中开新局，在奋斗实干中收获丰盈灿烂的人生。

心怀清欢解闲愁

  曾几何时，人们在紧张忙碌、竞争拼搏中，多么奢望有一段闲暇时光，来陪伴家人、怡养心神，享受"忙里偷闲"的闲情逸致。可是，庚子年初始料未及的新冠肺炎疫情，让飞驰的列车突然刹车，以往的喧闹顿时消失，全社会动员、全民参与到了战"疫"之中，人们被迫"居家独处"，孩子们的寒假无端延长，许多人感到了不适和恐慌，宅在家里"好吃好睡好无聊"。尽管有些人以家中旅游、鱼缸钓鱼、红酒瓶套圈等搞笑自嗨来逃避冷清和焦虑，但随之而来的是更加焦躁和愁闷，的确是"庭院静，空相忆；无处说，闲愁极"。

  宅家的闲暇，既是防控疫情、人人有责的担当，更是休整身心、补充能量的体验。德国哲学家叔本华说过："智者，总是享受着自己的生命，享受着自己的闲暇时间，而那些愚不可耐的人总是害怕空闲，害怕空闲带给自己的无聊。"只要心怀清欢，就可开解闲愁，让心灵宁静而悠远，让生活恬适而从容，让人生丰富而有趣。

　　静心读书，让心灵丰盈。美国康奈尔大学的一项科学研究表明，人的眼睛总是在不断寻找落点，若一段时间找不到落点，就会焦虑和迷茫。人的心与眼睛一样，也在不断地寻找目标，而文化和知识，即是人心最好的落点。春风清盈，流水静听，手捧一卷美文，或者走进"数字书房"，陶醉在淡澜的书香气息里，或在文学中遨游，或在艺术中畅想，或在哲学中思索，放飞被现实所禁锢已久的思绪，所有的失落、空寞和忧愁都会烟消云散。"读书之乐何处寻，数点梅花天地心。"在书页的开合间，知识的精华会灌溉我们眼中、心中的空虚。从史书中，我们看成败、鉴得失、知兴替；从诗书中，我们情飞扬、志高昂、人灵秀；从科学、哲学书中，我们辨是非、知廉耻、懂荣辱……读书，就会使我们的精神世界渐渐丰满起来。正如梭罗所说，"一个有时间增加他灵魂的财富的人，才能真正享受闲暇"。

　　抗击新冠肺炎疫情期间，一张网上刷屏走红的照片给了我们深刻启迪：在武汉方舱医院，尽管医生、护士的脚步匆匆，患者的呻吟断续，一位患了新冠肺炎的"清流哥"在病床上仍专注于书本、沉浸于阅读。过去，有些人总是借口"忙得没有时间""等退休后再说"，现在少出门、不聚集，有了大把的读书

　　　　　　　　　　　　　　成就最好的自己

时间。抓住这一良机，利用难得的闲暇，静心阅读，就可以对世俗的喧嚣保持一份超然心态，远离庸俗无聊，不被五光十色的诱惑所左右，有效遏制"病毒入侵"。与书为伴，手不释卷，不仅可以进入"闭门即是深山，读书随处净土"的佳境，而且能够以身作则，培养家人和孩子多读书、读好书的良好习惯。

今天，我们提倡静心读书，并不是为了满足"书中自有黄金屋"的功利心，缓解"书到用时方恨少"的本领恐慌，而是期望从此开始，把读书作为增智明理、修德怡情、丰盈心灵的一种生活方式，从而活出不一样的精彩人生。

扪心反思，与心灵对话。疫情是一场灾难，也是对人性的检验，更是我们自我反省、接受灵魂拷问的机会。静静地独处思考，从容地与心灵对话，我们就会懂得敬畏生命。因为，生命是人的自然之本，也是人生所有美好的前提，一个不知敬畏自己生命的人是不会善待世间其他事物的。敬畏生命，就要把身体健康和生命安全放在首位，养成科学文明健康的生活方式；就要珍惜生活给我们的每一点赐予，知足惜福、心存感恩，学会"投之以木桃，报之以琼瑶""赠人玫瑰，手留余香"；就要增强家国情怀，因为祖国是我们最坚实的依靠，家庭是我们最温暖的港湾，在祖国召唤的时候，应挺身而出、勇于担当，为了家庭幸福，应乐于奉献、甘于负重；就要树立人类命运共同体意识。疫情无国界，不分种族、肤色、信仰，是人类面临的共同威胁。山川异域，风月同天，唯有携手同行，共克时艰。同舟共济而不以邻为壑、守望相助而不隔岸观火、雪中送炭而不乘人之危，这是中华民族几千年来深入骨髓的优秀文化基因。

敬畏自然。自然，不单单属于人类，而是所有物种共同生活的家园。南极升温、澳洲大火、非洲蝗灾，正在向全球蔓延的新冠肺炎疫情，一次又一次向人类敲响警钟。我们要尊重自然、顺应自然、保护自然，绝不能滥食野生动物、滥采野生植物，实现人与自然共生共荣、美美与共。

敬畏科学。盲目起于愚昧，惶恐源于无知。在疫情防控中，少数人被网上芜杂的信息所裹挟，甚至被谣言牵着鼻子走，都是缺乏科学素养所致。我们必须学习科学思想，弘扬科学精神，把科学方法融入到日常思考和工作之中，通过比较鉴别和综合分析辨明事实、分清真伪，提升独立思考、科学判断和处理问题的能力。

理性的心态和良好的品质不是与生俱来的，而是在一次次与心灵对话，在自我审视、自我反省、自我完善中所积累铸成。

潜心致志，使心灵澄澈。在难得的闲暇里，少数人因闲而无聊愁绪满肠、萎靡不振，而多数人只因闲而成事意气风发、精神昂扬。事实证明，只要沉心静气、潜心致志，做自己有兴趣、有梦想的事，就会悠闲自得。大家都知道，数学家陈景润攻克"哥德巴赫猜想"难题，是在中科院数学所一间房子里，只有一张书桌、一盏煤油灯、几麻袋草稿纸，每天十多个小时，数年如一日潜心研究而获得成功的。画家梵·高把全部身心和闲暇都倾注到艺术探索探寻和创作之中，他说："当我画太阳时，我希望使人们感觉到它是在以一种惊人的速度旋转着，正在发出威力巨大的光和热的浪……当我画一颗苹果树时，我希望人们能感受到苹果里面的果汁正把苹果皮撑开，果核中的种子正在为结出自己的果实而努力！"正是这种娴熟痴迷的潜心致志，"能闲世人所忙者，方能忙世人之所闲。"齐白石老人的养生之道是七戒，其中最重要的是戒空思空度。每个人只要择其有趣之事，聚精会神、孜孜不倦，就会乐在其中、获在其中。否则，一闲一懒，百邪而生，各种尘世俗欲便会乘虚而入，甚至让你意乱情迷，走上歧途。

是的，自由不在于支配世界，而在于支配自己。饱食终日、无所用心，游手好闲、无所事事，带来的只能是满腹愁绪；只有永远保持生命激情，不断追求兴趣和梦想，才能进入心灵澄澈的自由境界。

赏心乐事，葆心灵清欢。保持乐观的心态，把一切际遇都作为生命的体验，失意后不卑不亢、挫折后不屈不挠、平淡中自尊自信，就能够在生活中发现美好，在闲暇中感受清欢。每天看朝霞在蓝天上散绮、夕阳在清波里流金、鸟儿在枝头鸣唱、孩子们在家里玩耍，放眼四周，尽是良辰美景，赏心乐事。享受居家独处之趣，艺荷可以邀蝶、栽竹可以听雨、植松可以待风、折枝可以入画、煮茶可以清心……身心融为一体，像山间的小溪舒缓地流淌，像天空的白云悠然地徜徉，是何等的安详舒适。读书、写字、唱歌、画画、弹琴、网上冲浪、微信微博……"却是闲中有忙处，看书才了又看山"，无一不是生命的安顿、生命的清欢、生命的舒展。

在疫情防控期间，有的人制作视频，网上直播云蹦迪、云合唱、云烹饪，短短几天就成了网红。连收治在武汉方舱医院的患者，也在康复的闲暇时光里，跟随医护人员唱起欢快的歌、跳起民族舞，他们以清欢冲淡悲伤、以乐观应对病痛，是对生命的热情，更是对困境的超越。正像美国犹他州卡斯卡德小学学生在歌中唱的那样，"口罩遮住你的脸，遮不住坚强，你笑起来真的好看，像春天的花儿一样，把所有的病毒，所有的苦难，通通都吹散"。

"岁月浓淡总相宜，人生有味是清欢"。岁月是一种历练，闲暇也是一种沉淀。让我们心怀清欢，正面疫劫，享受闲暇，用平静平和、闲情闲趣来雕琢自己自由、洒脱而又优雅的灵魂。

自律让你自由

　　自由，就像色彩斑斓、星河璀璨的天穹，是那么的迷人心弦、令人向往。大家都记得匈牙利诗人裴多菲的诗："生命诚可贵，爱情价更高；若为自由故，两者皆可抛。"民族的独立和解放，就是在争取自由；人生的努力和奋斗，也是在追求自由。

　　自由，既是无数志士仁人追逐的梦想，也是中外文人墨客讴歌的主题。从挪威作家易卜生的《玩偶之家》到法国作家罗曼·罗兰的《自由》，从玄览的"大海从鱼跃，长空任鸟飞"到白居易的"盛衰不自由，得失常相逐"，从文天祥的"英雄未肯死前休，风起云飞不自由"到陈毅的"取义成仁今日事，人间遍种自由花"……自由，就是这样充满无限魅力，让人梦寐以求。

　　我们每个人心中都渴望自由、热爱自由。那么，到底什么是真正的自由？在新冠肺炎疫情肆虐全球之时，西方国家的一些民众打着自由的旗号乱喷，他们不愿意听从"封城令""居家令"和保持社交距离的

成就最好的自己

劝告，拒戴口罩参加集会，甚至相互亲吻、拥抱，无疑增加了传播和扩散疫情的风险。这些人，把自由理解成了绝对的不受任何限制的为所欲为。

实际上，真正的自由都要受到一定的约束和限制，没有约束和限制的自由是不存在的。德国古典哲学创始人康德曾论述过自由的限制性。当火车在轨道上跑的时候，可以自由选择快慢，但它没有越过轨道的自由。如果越过轨道，就会危害自由、结束自由。这叫自由的限制性。他认为，真正的自由是逆向的自由，是自我约束自己的自由。

自由不是随心所欲、随波逐流，它是人们在认识客观规律的基础上，自觉地支配自己和改造世界。不认识事物的必然性，就不会有真正的选择生活的自由。盲人骑瞎马，不是自由自在地横冲直撞，而是自伤自残地四处碰壁；一片羽毛随风飘舞，看起来非常自由，实质是不由自主、无所适从；那些主张听从欲望、逃避现实的，也只是伪自由，因为他们成了追逐欲望和自我冲动的奴隶。正如恩格斯所说，人们有时把犹豫不决、随波逐流都当作是自由，其实这种状态正说明了人的不自由，因为犹豫不决、随波逐流恰恰是对客观对象和条件认识不清、不能自我主宰的表现。

自由不是天马行空、独来独往，它是以不妨碍、危害他人的自由为前提，在法律规定的范围内，按照自己的意志和利益进行思维和活动。每个人都是现实生活中的人，各种社会关系和社会交往，既是个人自由实现的手段和条件，也对个人自由形成了某种限制，如法律法规的限制、伦理道德的约束等。脱离了社会群体和社会交往，个人的生存都成了问题，更不要说其他自由了。

自由要靠我们自己的双手和智慧创造。如果你勤奋学习、成绩优异，你就有了选择最中意学校的自由；如果你勤奋工作，用半天时间完成了一天的工作任务，你就有了随意支配这半天时间的自由；如果你善于经商理财，积累了一定的财富，你就有了购物置业和休闲旅游的自由。世上从来没有唾手可得的自由，都需要用同等的努力交换。每一次的努力和奋斗，都会把我们引向全新的、更多的自由。所以，当你在羡慕别人生活自由的同时，要看到他们打拼时所付出的心血和汗水；让你感到自己不自由的时候，不要怨天尤人、不要坐等天赐。你有自由创造你一直憧憬的自由，选择权就在你自己手中。

自律是自由的基础和保证。自由与自律看似矛盾，实质是相互作用、相辅相成的关系。有堤岸的阻挡，才有河水欢快的流淌；有牵绳的维系，才有风筝的自由翱翔。只有遵守交通规则，才能享有行车安全的自由；只有爱护环境，保护自然，不随地吐痰，不乱扔垃圾，才会有人与自然和谐相处的自由；只有按序排队、按章办事，才能让更多人享有公平、公正机会的自由。自律是自由的资本积累，自由则是自律的成果回报。康德说过："自律使我们与众不同，自律令我们活得更高级。也正是自律，使我们获得更自由的人生。"人生是舟，自律是水，以水推舟，方能自由航行、扬帆千里，驶向人生价值的彼岸。

自律，就是自己管理和约束自己。自律是一种理性的"内在要求"，而不是外在的"强迫限制"。无数实践证明，你有多自律，就有多自由。做一个自律的人，以获得追求更多自由的资源和能力，应当善于自爱、勇于自省、长于自控。

善于自爱，就是挚爱自己、珍爱生命、热爱生活。"悦人者众，悦己者王。"学会取悦自己，会因内心的自信而激情满怀；懂得欣赏自己，会因内心的从容而光彩照人。屠格涅夫曾指出："自爱，这是可以用来撬动地球的阿基米德杠杆。"自爱，会更加自信地认同自己、肯定自己，告诉自己"我能行"，并确立个体责任意识和自我管理精神，为人父母尽父母责任，为人师长尽师长责任，为人子女尽子女责任。自爱，会更加自尊自重、爱惜自己的"羽毛"，从身材仪表到一言一行，维护自己的尊严和人格，不会为了地位趋炎附势，不会为了名利卑躬屈膝，不会为了私欲出卖灵魂，更不会在诱惑面前利令智昏。自爱，会更加敞开胸怀、接纳自己、友爱他人。因为一个不爱自己的人，既不会是一个可爱的人，也不可能真正的爱别人。善于自爱的人，才会真诚地与他人友好相处，尊重他人的人格、体谅他人的难处、包容他人的缺点；才会热爱生命和生活给我们的每一点赐予，升华"人人为我、我为人人"的品格。在抗击新冠疫情中，每个自爱的国人家国相依、命运与共，确立了自由与安全的边界，达成了"生命重于自由"的价值共识。无论是居家隔离，还是保持社交距离，大家自觉遵守防疫规范，还有那一个个义无反顾的身影、一次次心手相连的接力，无数人以生命赴使命、用挚爱护苍生的经历，都更加深刻地揭示和生动地诠释了"自律让你自由"的真谛。

　　勇于自省，就是经常对自己的所长所短、所言所行、所作所为进行自察反省。自省的过程，是总结经验、吸取教训、修正错误、自我完善和提高的过程。一个人的愚笨不在他的无知，而在他不知自己的无知。勇于自省的人才会有自知之明，清楚什么可为，什么不可为，什么坚决不为，反思自己做人做事是否自量、是否尽力、是否得法，并及时校正方向、少走弯路。海涅说过："自省是一面镜子，它能够将我们的错误清清楚楚照出来，使我们有机会改正"。闻过则喜、知过不讳、改过不惮，既是自律的态度，更是做人的气度。经常自省，明道德以固本、重修养以安魂、知廉耻以净心、去贪欲以守节，方能摆脱社会和自然的束缚，成为驾驭自己的主人。因为，这是一种自我人格的冶炼和提纯，也是从必然王国走向自由王国的关键路径。在当今互联网时代，你听从内心的声音、遵从内心的需求比过去更带有不确定性，因为有些声音和需求是网上洗脑语言和广告宣传悄悄植入的，你认为你的自由意识实际上是被操纵的。唯有"活到老，学到老"，不断学习新知识、分析新情况、研究新问题，养成独立思考的精神，才能拥有真正的自由意志，守住初心、锲而不舍，自主自为，去追求生命的卓越。

长于自控，就是对自己的欲望和情绪进行自我控制。人都有欲望，适度的欲望，会让人有前进的动力；过度的欲望，就会使人迷失方向、丧失理智，随时会落入"人见利而不见害，鱼见食而不见钩"的陷阱。康德告诉我们，所谓自由，不是让你想做什么就做什么，自由是教你不想做什么，就可以不做什么。控制自己的欲望，不以善小而不为，不以恶小而为之，心有所畏、言有所戒、行有所止，才能自由地接受和释放自己的生命。《元史》记载了这样一则故事：宋元之际，世道纷乱，学者许衡外出，天热口渴，见道旁梨树上有梨，大家竞相摘吃，只有许衡不为所动。人问之，答曰："非己之梨，岂能乱摘？"有人讥其迂腐，说："兵荒马乱之时，这梨树是没有主人的，摘吃无妨。"许衡正色道："梨虽无主，而我心有主。"这句话，道出了许衡坚守内心准则的自律和控制欲望的自由。情绪与欲望既有联系又有区别，它是人们对外界客观事物的内心体验及其行为反应。人人都有情绪冲动的时候，自律的人不是没有情绪，而是善于控制好自己的情绪，不被负面情绪所左右和绑架。特别是面对困难、挫折和失败，人的负面情绪容易泛滥。这时，坦然面对和勇敢担当是最好的情绪控制和心理调适。坦然面对，就是保持乐观心态，认清生活真相后依然热爱生活；勇敢担当，就是锤炼坚强意志，承担起困难、挫折和失败带来的压力和打击，并量力而行、尽力而为，化解和挑战它。只有加强对自己情绪的意识水平和管理能力，及时地让负面情绪淡化、消化在自我控制和调节之中，我们才能真正进入自由的境界。

事实告诉我们：自律才能让你拥有真正的自由，自律的人生才是自由的人生。有了自律带给你的自由，你就能解放自己的身体、舒展自己的心灵、追逐自己的梦想、成就最好的自己。

人的生命之旅总是酸甜苦辣、百味杂陈。只要保持积极乐观的心态，把一切际遇都当作生命的体验，并从中发现美好、抓住机遇、奋发进取，就能把困难和挫折锤炼成通向幸福的阶梯，成就最好的自己。

幸福是什么

　　"幸福"是什么？每个人都会有不同的理解和回答。但是，"幸福"这个美丽的词汇，充满了无限魅力。追求幸福，显示了人的天性，伴随着人生的过程，也是人类社会不断发展进步的重要动力。

　　幸福是人的自我满足和体验。作为人们孜孜以求的物质需要与精神需求、感性快乐与心灵愉悦相统一的理想目标，幸福从来不是别人给的，更不是讲在嘴上写在纸上的，而是自己的内心感受。辛勤耕耘，育"桃李满天下"；悬壶济世，救死扶伤；"为官一任，造福一方"……事业的成功，拥有鲜花和掌声是一种幸福；阖家餐桌上的欢声笑语，夫妻床头的缠绵温馨，爷爷奶奶手拉手牵绊散步，儿女绕膝、含饴弄孙的天伦之乐，何尝不是一种幸福；但是，谁又能否认聆听松涛、沐浴风雨、纵情山水、淡泊宁静不是一种别样的幸福呢？当你享有成功的喜悦、体验生活的乐趣，感受心境的舒展之时，你就在拥抱幸福。

　　幸福与人的德行紧密相关。古人云："厚德以积福"。英国逻辑学家罗素说得更好："幸福的生活是一种由爱鼓舞，由知识指导的生活"。高尚的道德总是成就事业和人生的根基，因此也会伴生着幸福。开阔的心胸和气度，深厚的涵养和理智，真诚的情感和良知，健康的身体和心态，会淹没生命过程中的许多不快与不幸。因为人生是一条充满坎坷的路，在人生的征程中，你会遇到挫折，会感到烦恼和痛苦。面对困难和挫折，是长吁短叹、怨天尤人，还是从容应对、积极进取，往往成为"不幸"和福气的分水岭。只有正确认识自我，在学习和实践中提升学识修养，增长能力才干，在总结和反思中完善自我、超越自我，在知行合一、全面发展中磨砺意志、净化灵魂、张扬个性、发掘潜能、实现价值，方可在成就美好的事业、家庭和心灵的同时，进入幸福的境界。

幸福是奋斗中孕育出的甜蜜果实。有首歌唱得好，"幸福在哪里？朋友啊告诉你，它不在月光下，也不在温室里……它在你的理想中，它在你的汗水里。""一分耕耘，一分收获"。劳动和创造是幸福的源泉。所以，习近平总书记谆谆告诫我们："世界上没有坐享其成的好事，要幸福就要奋斗。"进入新时代，人们对美好生活的需要更加广泛，不仅对物质生活提出了更高要求，而且对民主、法治、公平、正义、环境以及安全感、获得感、幸福感的需要日益增长。美好生活不会从天而降、凭空而来，追求和实现美好生活，要我们自己去创造、去奋斗。幸福的获得是一个由量变到质变的过程，而获得幸福的点点滴滴的积累主要是通过奋斗的实践来实现的。不驰于空想，不骛于虚声，把理想和目标细化为每一步的实际行为，脚踏实地，艰苦奋斗。这种奋斗，体现了人的主观能动性，显示了人的积极进取的生活状态，最大限度地实现了人生价值，本身就是一种幸福。奋斗的人生才是幸福的人生。试想如果学生不学习、青年不努力、中年图安逸，那种人生只能一片沉寂，生活也只有一潭死水。奋斗，不仅体现在人们日常的工作、学习、劳动和创造中，也表现在如何对待闲暇时间上。现在，由于生活节奏加快，闲暇时间高度碎片化，而这些碎片化的闲暇时间又更多地被手机、网络所填充。不少低头一族青年人两耳不闻窗外事，一心只看掌中屏，沉湎于玩游戏、刷朋友圈和浏览各种泡沫信息，缺乏健康充实的精神生活。"天下事以难而废者十之一，以惰而废者十之九。"难不可怕，艰难困苦，玉汝于成，可怕的是消极颓废、不思进取。奥斯特洛夫斯基说过："人的一生应当这样度过，当他回首往事的时候，不因虚度年华而悔恨，也不因碌碌无为而羞耻。"只有不懈奋斗的人才能在奋斗中享受幸福，幸福只会眷顾那些坚定者、奋进者，而不会是那些犹豫者、懈怠者。这是幸福的真谛。

真正完满的幸福是实现个人幸福与他人幸福的共享。我们知道了幸福的来源，还应懂得幸福的分享。人之为人不同于动物，正在于人有理想追求。我们不必苛求个人幸福至上者，但是中国共产党人是信仰马克思主义一切以人民为中心的幸福观的实践者，主张个人幸福与他人幸福的统一，当个人幸福与他人幸福或社会幸福发生矛盾时，应牺牲个人幸福甚至生命，方为大仁大爱、大德大义。马克思认为，只有为人民谋幸福才是伟大的，"因为这是为一切人而牺牲，到那时候，我们所得到的将不是微小的，可怜的，自私的快乐，我们的幸福属于亿万人民……"为人民谋幸福，为民族谋复兴，中国共产党人走过了无法比拟的艰苦奋斗历程。"宁可少活20年，拼命也要拿下大油田"的王进喜，"暮雪朝霜，毋改英雄意气"，为兰考百姓脱贫奋斗一生的焦裕禄，就是杰出的代表。正是这些为着远大理想不懈奋斗的民族脊梁，才铸就了中华民族的辉煌。正如马克思所说："历史承认那些为共同目标劳动因而自己变得高尚的人是伟大人物，经验赞美那些为大多数人带来幸福的人是最幸福的人。"为国家的富强孜孜以求，为人民对美好生活的向往勤勉奉献，把个人幸福寓于他人幸福和社会整体幸福之中，这样的人就是最幸福的人，这样的幸福就是真正完满的幸福。

微笑的力量

笑的功能人人都有，未必人人都会；笑的力量直抵心灵，未必人人体悟。微笑，一个十分简单的动作，只需将嘴角轻轻地上扬，就会展示最美的风情、张扬生命的活力。

当今社会，新冠肺炎疫情的侵袭、学业的艰难、事业的坎坷、家庭的负重……在现实生活的磨砺和挤压下，不少人由眉开眼笑变成了眉头紧锁、由喜笑颜开变成了苦笑无奈，脸上的笑意渐渐消失。殊不知，生活就如同一面镜子，你对它哭，它也会对你哭。如果你想要它对你微笑，只有一个办法，就是对他微笑。只要脸上时常挂着发自内心的笑容，你就一定会用嘴角上扬的弧度打败生活中的失落和失意。

一次定格的微笑，如同一首雅俗共赏的诗、一幅美妙迷人的画、一首优美动听的歌，给自己解忧、给世界阳光、给他人温暖。正因为如此，从1948年起，世界精神卫生组织就将每年的5月8日确定为"世界微笑日"，期冀通过微笑促进人类身心健康，同时在人与人之间传递愉悦与友善，增进社会和谐。

生活从来都是智慧的较量。扬起生命的风帆，创造出彩的人生，我们每个人都应当深谙微笑的力量所在。

在面对困难和挫折之时，微笑是一种自信，具有无坚不摧的动力。

人生一世，犹如四时，总是在体味春暖严冬、夏燥秋凉。在人生旅途上，既会有明媚阳光、平坦大道和可心旅伴，也会有暴风骤雨、崎岖山路和人为绊索。生活如七色板，蕴涵着追梦的艰辛、成功的喜悦、挫败的苦痛、孤独的寂寞。当生活像一首歌那样轻快流畅时，笑逐颜开是生命的自然悸动；当你走进人生低谷时依然笑靥如花，一定会获得生命中最可贵的价值。因为，善于带着微笑迎接困难挑战、向着挫折进发、赶赴生活行程，是对困难和挫折的正视，怀揣接受磨砺、战而胜之的信心和勇气，有着乐观向上、积极进取的奋斗精神。

雨果曾经说过："生活，就是面对现实微笑，就是越过障碍注视将来。"艰苦与挫折是人生的一种财富，"艰难困苦，玉汝于成"，"不是一番寒彻骨，哪得梅花扑鼻香"。没有经历过风雨的温室的花朵，是极易凋谢的；凡成就理想者，必然经过挫折和苦难的磨炼。正所谓：在坦途者，皆从坎坷崎岖中来；知幸福者，均为历经艰难之人。风雨过后便是彩虹，雨过天晴终显阳光。面对困难和挫折、失利和失败，你那一抹淡淡的笑容，就是外在的坚强和坚韧、内在的动能和动力。平心尝世味、含笑看人生，任何困难和挫折才能被锤炼成通向成功的阶梯。

当然，困难和挫折并不能自发地造就人才，也不是所有经历困难和挫折的人都能大有作为。正如法国作家巴尔扎克所说："挫折就像一块石头，对于弱者来说是绊脚石，让你却步不前；对于强者来说却是垫脚石，使你站得更高。"只有树立崇高理想、直面挫折、笑对生活、知难而进，并自觉地在挫折中锻炼、在挫折中追求、在挫折中超越的人，才能成为生活的强者。

在化解矛盾和纠纷之中，微笑是一种宽容，具有征服人心的能力。

20世纪80年代电影《少林寺》引起轰动之时，有个影迷曾好奇地问李连杰："你认为最厉害的中国功夫是什么？"他以为会列举少林功夫、降龙十八掌绝技什么的，但李连杰却说："是微笑。"看到影迷不解的眼光，李连杰又接着说："因为微笑可以兵不血刃地征服别人、化解积怨、消弭分歧。而世界上没有任何一种功夫能达到这种境界，所以微笑才是最上乘的功夫。"马克·吐温也说过："在世间纷争中，人类的确有一件有效武器，那就是微笑。"是的，相处间语上语落、交际中言重言轻、处事上磕磕碰碰，每个人走上社会后都要学会处理好各种琐碎细微的摩擦和矛盾。保持平静的微笑，是对对方的理解和尊重，是一种将心比心、推己及人的善意和沟通，可以有效减轻排斥、淡薄隔阂；如果冷眼相看、冷脸相待，或者睚眦必报、互怼不休，只能激化矛盾、伤人害己。人生三千事，泯然一笑间。"春风化尽千层雪，相逢一笑泯恩仇。"微笑，似一缕春风，除却人际间的烦躁；如一泓碧水，润泽情感中的隙缝。彼此一笑、相互宽容，就能解怨恨为友情、化干戈为玉帛。

当然，生活中并不尽如弥勒佛"哲学"："大肚能容，容世间难容之事；开口便笑，笑天下可笑之人。"对"难容之事"和"可笑之人"也有个限度和尺度，不是无原则的宽厚和容让。应以公共道德和法律法规为红线，采取"近君子，远小人"或者"敬君子，治小人"的办法，扬社会正气、促社会和谐。

在人际交往沟通中，微笑是一种艺术，具有"首因效应"的张力。

世界上有千百种语言，但微笑是国际间、人际间通用的，而且是表达友善、关爱、温情的最直接、最有效的语言。即便是陌生人狭路相逢、会心一笑，也可以产生心与心的交接、情与情的传递、神与神的会意。

美国社会心理学家洛钦斯曾提出著名的"首因效

应"，指人际交往中给人留下第一印象在头脑中占据着主导地位。喜欢微笑面对着他人的人，往往会发生"首因效应"，产生一种打开心灵之门的张力，更容易走入对方心中，被对方所接纳。所以，懂得微笑艺术的人，在与他人会面或者走进家门前，总会卸载疲惫、愠怒、忧愁的表情，更新为轻松、愉悦与舒展的脸庞，发挥微笑"首因效应"的张力，使自己与他人的沟通更流畅、与朋友的聚会更欢乐、与家人的相处更和睦。

带着盈盈的微笑倾听，也能胜过千言万语，成为心灵沟通的桥梁。马歇尔·卢森堡在《非暴力沟通》中指出："在人们清醒的时间里，有80%的时间在用来进行人际沟通，这其中又有45%的时间用于倾听。"笑着倾听，眼神里透露出的"我懂"的关怀、欣赏和默契，贴心温暖。微笑倾听，等同于爱的拥抱，具有穿透人心的力量。

雨果说过："微笑就是阳光，它能消除人们脸上的冬色。"当他人心情郁闷时，也许你的微微一笑，就可以驱散他心灵的阴霾。灿烂的笑容，还可以传递和感染他人，发挥更大的张力。你对我微笑，我报以笑靥，既温柔自己、又温暖别人，微笑圈不断扩大，就使得彼此心情愉悦、人际关系融洽。正像一首歌唱的那样："你笑起来真好看，像春天的花一样，把所有的烦恼所有的忧愁都吹散；你笑起来真好看，像夏天的阳光，整个世界全部的时光，美得像画卷"。

在自我发展完善中，微笑是一种修养，具有成熟优雅的魅力。

微笑不是一种技术手段，而是一种心境涵养。有了真诚友善、乐观坚强、积极向上的人生态度，才会把微笑雕刻在岁月的年轮上。一个人脸上是否时常挂着笑容，往往能揭晓其品性的层次。笑着生活的人，脸上虽饱经风霜、眼里虽写着故事，却透着风轻云淡，骨子里沉淀着走过的路、读过的书、悟过的人生，以及成长过程中积累的学识、见识、品格和修养。

微笑是愉悦身心的良方。俗话说，笑一笑，十年少；笑十笑，百病消。罗素则认为："笑是世间最好的灵丹妙药。"无论是淡淡微笑，还是开怀大笑，都可以促进血液循环和新陈代谢，加快人体多巴胺分泌，减轻沮丧感，产生欣快感，舒缓紧张，解除压力，使自己五脏安和、气血顺畅，提高机体免疫力。面带笑容，会让你年轻有朝气、热情有活力、优雅有魅力。微笑是人类最美的表情，被誉为"解语之花、忘忧之草"。好看的皮囊千篇一律，有趣的灵魂万里挑一。世上最美的风景，就在你的脸上。爱笑的女子，会平添许多漂亮的得分；爱笑的男人，也有着独特的魅力。所以，无论有多少烦恼萦绕心头、多少困顿缠住周身，对自己笑一笑，让委屈从眉梢滑落，让苦闷抛之脑后，让内心自我和解，既是心灵修复的妙药，也是保持青春的灵丹。时间在流逝，岁月在更迭。老的是你我的容颜，永远不老的是你那一抹深情的微笑。

微笑是深沉的生活智慧。心中有爱，自会笑口常开。真正的深情厚谊，是想起你，嘴角就不自觉地上扬；看到你，笑容就像鲜艳的花儿绽放。心地善良、笑挂脸庞。以善良心看世界，就会多一分宽容、多一分理解、多一分关爱，用微笑，让他人也让自己的生活充满阳光。微笑是一种气质，气质得益于修养。注重自我修养、人格成熟的重要标志，就体现在洒脱自如地掌控情绪、冷静理智地待人处事以及含笑脉脉的优雅仪态。微笑，不仅是一种心态，更是一种情态，是人的情商和智商的综合反映。微笑应该"发乎于心，现乎于行"，是发自内心深处的快乐，真挚、纯净，使人体验到生命底蕴的醇味。那种缺乏真诚的虚伪笑容，那种讽刺挖苦的讥笑、幸灾乐祸的嘲笑，甚至笑里藏刀的奸笑，对他人无益，对自己也是有害的。

微笑，是坚强不屈的象征，是深沉智慧的内涵，是幸福快乐的化身，更是不竭动力的源泉。让我们用微笑的力量，抖落人生旅途的风尘、点燃生命激情的火花、洒满照耀世界的阳光。幸福和成功，就在你的笑颜里。

微笑的力量

快乐的秘诀

"快乐"，是人类永恒的话题。逢年过节、朋友聚会、微信互动，"祝你快乐"是频率最高的热词。"快乐"，是新时代人们对美好生活的一种向往和追求。

什么是"快乐"？从人的生理官能而言，是某种需要和欲望满足时所产生的愉悦和快感；从人的心理感受而言，则是心灵的充实和和谐。因为有些欲望满足使生理官能得到的刺激和快感，如酗酒、吸毒等，不但不能带来心灵的充实，反而会给个人、家庭、社会带来不幸和灾难。所以，真正的快乐是人的身心一体的愉悦、由内到外的舒心。

快乐在哪里？快乐来自于生活，发自于内心，表现于行为。那么，为什么现在许多人感到不快乐呢？究其原因，除了社会竞争激烈、生活节奏加快、学习工作压力较大这些因素外，主要表现为五个字：一是"高"，不顾自身条件和客观环境，"自我设计"讲求完美，期望值过高，以至于画地为牢，作茧自缚，疲惫不堪；二是"急"，一旦生活上出现不如意，事业上达不到目标值，遇到挫折和磨难，就着急焦虑、烦恼不已，甚至怨天尤人、悲苦莫名；三是"浮"，做事不扎实、不专心，沉不住气、稳不住神，因而只感到生活的劳累，体验不到工作的快乐和意义；四是"比"，看到身边他人的成功、网上晒富的土豪，就产生攀比的心理，或争强好胜，存非分之想，或哀叹上天不公，命运不济，悲观厌世，郁闷生气；五是"靠"，缺乏自尊自信、害怕参与竞争，不愿用自己的双手和大脑编织"快乐"，依赖他人，贪图安逸，不思进取，包括当今一些"啃老族"，虽锦衣玉食仍愁绪缠绕。

古人云，"贫贱是苦境，能善处者自乐；富贵是乐境，不善处者更苦"。快乐不是富贵者或者一部分人的专利，而是人所共有的愉悦心态和精神体验。快乐的秘诀，需要我们自己去追寻、去开发、去创造。

一、保持乐观的人生心态，自得其乐。现实告诉我们，养生要先养心，因为乐由心生。早在2000多年前，我国古代哲学家庄子就讲明了这个道理。据《庄子·秋水》记载，一日，庄子和朋友惠子出游，在濠水的一座桥上交谈，见河中的鱼跃出水面，便说："你看，鱼儿多快乐啊！"一旁的惠子哼了一声说："你不是鱼，怎么知道鱼很快乐？"庄子说："因为我心里快乐，所以我看到鱼儿也是快乐的。"快乐的源泉不是外界的事物，而是来自自己的心境。可见，快乐的真谛是保持乐观的心态。乐观，是失意后的坦然、平淡中的自信、挫折后的不屈；乐观，是对生活充满着热爱和激情，把一切际遇都当成生命的体验，并从中发现美好、感受快乐。有了乐观的心态，每天看朝霞在蓝天上散绮、夕阳在清波里流金、鸟儿在枝头上鸣唱、孩子们在草地上撒欢，放眼四周，尽是良辰美景、赏心乐事。有了乐观的心态，就有了心灵的自由、真情的飘逸、胸襟的坦荡、气质的超然，即使粗茶淡饭照样香甜、遇到挫折依然笑对、身陷黑暗点燃蜡烛等待明天的光明。当然，积极健康、乐观向上的人生心态需要我们去培育、去历练、去修行。这样，我们才能具备自得其乐的慧眼禅心。

二、淡泊身外的功名利禄，知足常乐。不满足于现状，勇于改革创新，这是值得倡导的积极进取精神，人类的创造力、社会前进的动力正是在永不满足中迸发出来的。而所谓"知足"是"自我设计"适度的人生目标和期望值，看淡物质生活以及其他身外之物，不为功名利禄所缚，不为得失荣辱所累。知足者，会坦然对待人生的不完美，满意看待自己前进的每一个脚印，既不好高骛远，也不争强好胜，看云舒云卷、落霞孤鹜、鸟欢蝉鸣、花开花谢，都会领会其中之意而生愉悦之情。知足者，没有非分之想，毋需仰人鼻息、不必摧眉折腰，活得轻松洒脱、乐趣悠然。因为，人的欲望是无止境的。如果贪财贪权贪色，得陇望蜀、贪得无厌、欲壑难平、处处设防、机关算尽，必定一天到晚费思劳神，成年累月心如汤煮，岂有快乐可言？欲而不知止失其所以欲、有而不知足失其所以有，在历史和现实中都大有人在。古诗云："事到知足心常惬，人至无求品自高。"不尚华贵、不羡名利，得之淡然、失之泰然，快乐才能长生。

三、维护良好的人际关系，与众同乐。《孟子》把乐分为"独乐"和"众乐"两种。孟子对齐王曰："独乐乐，与人乐乐，孰乐？"齐王曰："不若与人。"孟子曰："与少乐乐，与众乐乐，孰乐？"齐王曰："不若与众。"因此孟子认为，"独乐乐"不如"与人乐乐"，与少数人乐乐不如与多数人同乐更加快乐。"今王与百姓同乐，则王矣"——王与百姓同享快乐，便可天下大治。以善意的心态、友好的言行待人处事、结交朋友，予人以乐会收获欢乐，赢得友谊。特别是老年人，维护良好的人际关系，与家庭内外、左右上下、旧朋新友在欢声笑语中和睦相处，闲敲棋子邀邻家，良朋神侃两窗下，亲人围坐炉火边，夜阑秉笔明灯前……闲情连着友情，亲情伴着温情，其乐融融，怎么能不"乐易者常寿"。

四、直面人生的苦难挫折，苦中取乐。快乐和痛苦是一对伴侣，而且此消彼长。人的一生中，始终伴随着酸甜苦辣、喜怒哀乐、悲欢离合。所谓万事如意，只能是一种美好的祝愿而已。学业无成、进取无望、情场失意、事业挫折、病魔缠身、生离死别，等等，都会给你带来痛苦。只要你直面之、善待之、缓解之，想得开、看得透、拿得起、放得下，就能从痛苦、困惑和沮丧中解脱出来，化苦为乐。在全面深化改革、市场激烈竞争的新时代，挑战与机遇并存，更是对我们每个人的严峻考验，由不适应到适应是一个痛苦的过程，在痛苦中沉沦，会在颓废中难以自拔；在痛苦中奋起，勇敢地投身改革生活的激流，"不管风吹浪打，胜似闲庭信步"，就会扯起快乐人生的风帆，从苦难和挫折中获得快乐的果实。为了理想和追求，为了兴趣和爱好，尽管辛辛苦苦，饱受磨难，但一旦自己进入到全神贯注、物我两忘、驾轻就熟、得心应手境界，体验到的便是一种酣畅淋漓的乐趣。正如作家王蒙所说："写作是我最好的娱乐休息。电脑屏幕，从无到有，如歌如吟，如梦如戏，如花万朵，如云千变。我要编织，我要刺绣，我要抡砍，我要抚摸，我要突发奇想，我要出语惊人，我要插科打诨，我要披挂上阵，我要欲擒故纵，我要大开大阖……何等快乐！您上哪儿找这样的乐子去！"

五、弘扬大爱的高尚品格，助人为乐。人与人之间是一种平等的相互依存的关系，每个人的生活都不能离开他人的存在，我为人人，人人为我，人类正是在这样相互联系中生存、在互相帮助中发展。具有大爱情怀，尊重人、理解人、关心人、帮助人，像蜡烛一样燃烧自己，用自己的生命之光去照亮别人、温暖别人，这样的人感情是最圣洁的、内心是最快乐的。因为快乐是需要行为展现的，每一次帮助别人、奉献爱心，都是用行动向自己证明一次自己是积极的、豪爽的、重情重义、乐于助人的，增加一份相应的自信和尊严，并得到人们的接受、尊重和爱戴。所以，克己为人，扶贫济困，助人为乐的行为会使人的心灵愉悦和精神境界得到更高的升华。相反，那些以自我为中心，自私自利，只顾个人利益甚至不惜损害他人利益的人，尽管占到便宜沾沾自喜，但给自己带来的是精神自贬效应和消极卑琐形象，快乐也是昙花一现，稍纵即逝。助人为乐，既是分享快乐，也是共同快乐。倡导助人为乐，才能使社会充满爱心，使人生充满乐趣。

快乐，不能离开理想、信念和先进价值观方向的校正。心理学相关研究表明，每个人都具备使自己快乐的资源，如热忱、谦逊、爱心、宽容、感恩，以及合作精神、达观态度，等等。拥有宁静致远的精神家园，我们的生命才能最终归于统一和谐，才能处在深

快乐的秘诀　　　——207

深的快乐之中。只要我们静下心来回味感受，就会得到深刻的体悟。从这个意义上说，快乐的秘诀，其实就掌握在每个人手中。

保持良好心态

心态决定人生。不同的心理状态，直接影响着一个人的生存状态和发展趋势。你以一种什么样的心态对待生活，生活就会以一种什么样的方式给你回馈。

人生在世，也许有很多事我们无法改变。但改变心态、完善自我，却可以由我们自己决定。从某种意义上讲，人的视野、境界、格局和生活品质是通过主宰自己的心态实现的。正如著名的心理学家马斯洛所说："心态若改变，态度跟着改变；态度改变，习惯跟着改变；习惯改变，性格跟着改变；性格改变，人生跟着改变。"

良好的心态表现在许多方面，但最主要的是平和、乐观和进取。

平和是良好心态的优雅气质。

用平常心看待自己，对待他人。孔子曰："君子不自大其事，不自尚其功。"不将自己看得太高太重，不将别人看得太低太轻，是心态上的一种成熟。对自己，既要有所"追求"，又不过分"苛求"；既要努力成就"不凡"，又要悦纳自己的"平凡"。因为我们看到的世界越广阔，便越能审视自我，发现自己的渺小和能力边界，学会舍弃，懂得放下；从容转身，走向未来。对他人，要容得下"异类"、容得下"狭窄"、容得下"偏颇"，并善于发现"异"处的美、"狭"处的慧和"偏"处的真，因为世界因人人不同才变得有趣，才需要相互包容、取长补短、团结协作。以平常心待人处事，就会有基于情感基础上的理解、尊重和欣赏，就能在人生旅途上行稳致远，遇见更好的自己和更美的风景。

保持平静、冷静、文静、恬静的心境。神平气自和，心宁境自升。生活中我们受到各种利益的影响和诱惑，正所谓天下熙熙，皆为利来；天下攘攘，皆为利往。正念坚固、克制欲望、淡泊名利，就会心静如水、波澜不惊，不为琐事所羁、不为蝇利所惑、不为暗局所迷、不较锱铢得失、不计当下成败，平心静气地面对所有的遭遇和经历。人生的很多智慧就在沉稳和冷静之中。静水无波、静水深流。心平静了，就会冷静地与自我共情对话。也许，你狂热追求的并非是你真正想要的，只是攀比了别人、迁就了他人；或许，你正为之苦恼、肝肠寸断的，未必是你真正想爱或者该爱的，只是一时的不甘心。心若是没有栖息的地方，到哪里都是在流浪。心静则清、心清则明。

　　　　　　　　　　　　　　　　成就最好的自己

心平静了，就会集中精力、专心致志精进自己，不生气、不斗气，不怨天尤人、不喜怒无常，进入达观的境界，找到生活最本真的意义。

平和心态是最好的养生。气质与时尚，往往无关岁月，关乎心态。现代医学研究发现，人类65%左右的疾病与心态相关。一个人心态不平和、不健康，长期处于焦虑、忧伤之中，免疫系统就会受到损害，疾病频发、面容憔悴、加速衰老。而心态平和的人，宠辱不惊、宽容大度，坦然面对人生的岁月更迭、风雨沧桑，总是心宁守窍、气血平衡，显得容光焕发、精神饱满、优雅从容。顾城有句诗："人可生如蚁，而美如神。"优雅并非是外表的光鲜亮丽，而是平和心态由内而外散发出来的一种气质和涵养。

乐观是良好心态的鲜明特质。

人的生命之旅的一个又一个站台，无不是悲欢相续，忧乐交融。具有乐观心态的人，生命中快乐的时光会逐渐增加，悲哀的阴影会渐渐消散，前行的路上会闪烁希望。生活中的每次重压，你都会充满韧性，微笑着弹跳而起，螺旋而上。

乐观是一种感恩万物的生活态度。对生活有着无比的热爱，感恩生活的每一点赐予，把一切际遇都当作生命的体验，并从中发现美好，感受快乐。尽管人生酸甜苦辣，百味杂陈，但乐观的人酸时不悲、甜时不傲、苦时不恼、辣时不痛，不仅身处顺境笑靥如花，即使进入逆境也笑意盈盈。乐观，源于内心的知足。坦然于人生的不完美，满足于生活中的小确幸，不在得与失的纠缠中蹉跎岁月，不再进与退的纠结中浪费时光，不因失宠而生弃妇之感，不因受辱而发匹夫之怒，就可以把每天的日子过得丰盈而快乐。

乐观是用毅力支撑起来的一道风景。莫说江头风浪险，更有人间行路难。在生活的海洋中，有汹涌波涛，有湍急水流，还有危险暗礁，一帆风顺是不可能的。在困难和挫折面前，消极悲观的人往往会在气馁和沮丧、抱怨和纠结中沉沦下去，而积极乐观的人则以坚强的毅力，不退却、不止步、迎难而上、涅槃重生，迎来风雨过后的绚丽彩虹。双目失明的海伦·凯勒用乐观战胜了无边黑暗，身体残疾的张海迪以乐观书写了人生传奇。困难和挫折，没有毁掉你却塑造了你，这就是乐观心态的魔力所在。

"我在冰封的深海里找寻希望的缺口，却在午夜惊醒时蓦然瞥见绝美的月光。"乐观心态就像是望远镜，换个视角，扩大视野，世界便是另一番精彩。"物随心转，境由心造。"当一个人心态乐观了，他全部的生活都会充满阳光。

著名学者拿破仑·希尔在《成功规律》一书中写道："人与人之间只有很小的差异，就是各人所具备的不同心态，但却会造成巨大的差别。心态是乐观的还是悲观的，就最终导致了成功和失败两种结果。"有了乐观的心态，就有了坦荡的胸襟、个性的张扬、气质的超然，就有了"独立之精神，自由之思想"，就有了追逐梦想、奔向成功的激情，并从中体验到生命力的活跃和奔放。

进取是良好心态的优秀品质。

人生就像一条无止境的跑道，只有不断进取，才有可能接近我们向往的那个地方。乐观，不光是欣赏自己人生走过的脚印，因为生命本身就是靠把深深的脚印留在身后而表示它的存在和意义的。所以，有着良好心态的人，一定有着积极向上、奋发进取的优秀品质。

进取是生命最好的姿态。当今社会，有些人以"躺平"显示心态的"平和"和"乐观"，认为"躺平"可以平淡而无内心之骚动、安稳而无失败之风险、快乐而无拼搏之劳顿。其实不然，"躺平"实际上是生命热情丧失和生活意志软弱的表现。作为一个自主自为的人，就应该直面跌宕起伏的生存境遇，追求欢欣而不避弃痛苦，追求卓越而又敢于承担失败。快乐和幸福是创造的伴生物，是在努力进取的过程中产生的。"子贡倦于学，告仲尼曰：'愿有所息。'仲尼曰：'生无所息。'""生无所息"这句话，点明了生命的活力在于勤奋、努力和进取，像永动之时钟、不腐之流水、不蠹之户枢。一个人没有了进取的心态，那么他所剩的光阴也只有在碌碌无为中度过。

进取的心态来源于自尊自信。有着进取心态的人，眉宇间洋溢着自信的微笑，血管中激荡着自强的力量。有了相信自己行、相信未来能的坚定自信，就有了与命运抗争的底气、志气和勇气。

进取需要坚持不懈。强烈的求知欲、勇于实践的创新精神、坚持不懈地追求梦想，是一个人终身受用的财富。要悟得"面壁十年图破壁"的真谛，舍得下"板凳要坐十年冷"的苦功，焚膏油以继晷，恒兀兀以穷年，以全部的精力献身于自己所从事的事业，不仅为了得到什么而努力，还要为了知晓为什么而努力。有了不懈的拼搏和进取，任何困难和挫折都会被锤炼成通向成功的阶梯。

良好的心态与爱国情怀、高尚情操、健康人格紧密相连，既是摆脱生活烦恼的不二法宝，又是通往成功人生的重要途径；既是每个人一生的必修课程，也是社会文明进步的系统工程。我们要在学习和实践中不断锻造，持续精进，在根植于内心的修炼和体验中收获更加丰富多彩的人生。

时间都去哪儿了

时光飞逝，日月如梭。转眼间，悠悠岁月已如手中紧抓的细沙，悄然滑落，留给我们的，只是一道永远也无法追回的背影、一段跳跃式的深刻记忆。时间都去哪儿了？它带给了我们什么，我们是否给了它一个满意的答案？

人们似乎有一个共同的感受：欣喜的是时间，盘算的是时间，惋惜的还是时间。相对于人生的短暂，时间是永恒的。时间的脚步不会因人而停止或者有其他的改变，人会随着时间的流逝而渐渐变老，直至走向生命终结。君不见，黄河之水天上来，奔流到海不复回；君不见，高堂明镜悲白发，朝如青丝暮成雪。正如王铮亮演唱的《时间都去哪儿了》："时间都去哪儿了，还没好好感受年轻就老了，生儿养女一辈子，满脑子都是孩子哭了笑了；时间都去哪儿了，还没好好看看你眼睛就花了，柴米油盐半辈子，转眼就只剩下满脸的皱纹了。"岁月倏忽，世事变迁。在伟大的宇宙间，人生仅是流星般的闪光；在时间的长河里，人生只是微小的浪花。

时间是什么？时间是一部神圣的天书，谁读懂它，谁就拥有了历史的积淀、未来的憧憬和现实的快乐，谁就能驾起希望之舟，扬起生命的风帆，驶向理想的彼岸。

时间是快的，又是慢的。不是吗？在观看精彩绝伦的演出、球赛，情投意合的约会、欢娱，聚精会神的阅读、写作之时，你会感到时间很快，快得措手不及；在参加冗长无聊的会议、等待延误的航班车次时，你又会感到时间太慢，慢得度日如年。"当我是个婴儿，只会哭声哇哇，时间好像在慢慢地爬；当我是个孩子，整天嬉笑不止，时间迈开前进的步伐；在我长大成人后，时间变成奔腾的骏马；当我老得皱纹满颊，时间成了飞逝的流霞。"这首诗则写出了人生不同阶段对时间快与慢的感受。其实，时间本身不可能时快时慢，时间以均匀的脚步不受任何干扰地行进着，你感知到的时间快慢不均，是你的心绪和情感波动、思维节律和脉冲。获得2017年中国成都·金砖国家电影节"艺术特别贡献奖"的电影《时间去哪儿了》，由中国、俄罗斯、巴西、南非、印度等金砖五国的知名导演共同合作，将时间的节奏演绎成了不同形态的情感、人生及其价值观，赋予了时间更为丰富的内涵。

成就最好的自己

时间是虚的，又是实的。它看不见听不到摸不着，无声无息、无影无踪、无休无止，如流水一般，不分昼夜、一去不返。但是，它的一分一秒都实实在在堆砌着我们的未来。通过勤劳的双手和大脑，农民把时间变成粮食，工人把时间制成产品，作家把时间写成文章，科学家把时间转成发明创造。时间是虚无的还是实在的，全在于我们对时间的认识和理解、掌握和运用。

时间是平凡的，又是珍贵的。我们每天都有86400秒存入自己的生命账户，如果这是一笔钱，没有人会让它白白溜掉。但是，天天生活在时间里，每时每刻与时间打交道，有些人觉得时间太平凡了，"来日方长，时间多的是""别着急，慢慢来"，于是在不知不觉中让大把的美好时光悄无声息的流失。正如高尔基所说，"最容易被人忽视而又最令人后悔的是时间"。其实，世上再没有什么东西比时间珍贵了，有了时间，一切皆有可能；没有时间，便一无所有。"一寸光阴一寸金，寸金难买寸光阴"，是中国民间的古训。在改革开放击鼓催征、经济社会发展日新月异、人们生活节奏大大加快的今天，时间显得更加宝贵。时间就是金钱，时间就是效益，时间就是生命，绝不是动听的口号，而是被实践检验的真理。时间，是金钱无法购买、任何东西都无法兑换的生命。

时间是公平的，又是偏爱的。对于我们每个人来说，时间是公平公正、不偏不倚的，我的，你的，他的，一样多。它永远不会多赏赐你一分或者减少我一秒。但是，换个视角，时间对于知心知音，又是偏心偏爱的。如果你视若生命地珍惜它、寸步不离地紧跟它，它就会青睐你、爱上你，和你站在一起。你惜时如金地学习，它给你知识的财富；你争分夺秒地工作，它给你人生出彩的机会；你只争朝夕地奋斗，它给你美好生活的成果。时间，喜欢的就是你积极进取的样子，眷恋的就是你不懈努力的劲头。只要你让时间有价值，时间就会让你的生命更有价值。

时间都去哪儿了？我们是在问时间，更是问自己。解答这一人类之问、常问常新的难题，正确的答案应该是：选择与时间为友，不断与时间约会，坚持与时间赛跑。

与时间为友。我与时间的相识相知，伴随着人生成长的历程。年轻时忙忙碌碌，只觉得时间无情，不多给我一点机会，说走就走；中年时努力工作，已感到时间有情，她在不声不响中给了我很多东西；退休后静心回味，才真正感受到了时间的多情。几十年来自己只顾埋头拉车赶路，忘却了时间的模样，而她就像知心朋友，对我倾心相守、真心相待、不离不弃；她陪着我从蹒跚学步到青春勃发，伴着我从踏入校门到走上社会，帮着我从学有所成到业有所创，看着我青丝里钻出的白发、额头上生出的皱纹。时间对我的一心一意、一片深情，使我深深感动。"朋友一生一起走"，在人生的旅程中，我将继续与时间这个益友、挚友、诤友相守相依、并肩前行。不仅如此，我们还要拓展时间的朋友圈，从家人到团队，结交更多的时间这个朋友的朋友，把所有时间资源与能量聚集起来，让大家共创时间的价值、共享时间的快乐。

与时间约会。时间的前面是未来，脚下是现在，背后是过去。对过去，我们要扪心自问、总结反思：做了什么，做成了什么，哪些还做得不够，但更多的是要放下：放下痛苦、放下悲伤、放下追悔，"凡是过去，皆为序章"。对未来，我们要有目标规划、梦想追求，与时间来一份友情契约和君子协定，提前埋下种子等待来年收获，因为"凡事预则立，不预则废"。对现在，我们则要无比珍惜这个上天赐予的珍贵朋友，经常与之约会。每一次约会，我们给时间以礼物，时间就会给我们以惊喜。不断约会，不断地有所作为，不断地制造惊喜，就会使我们变成更好的自己，并享受约会的乐趣和成功的喜悦。有的人不学无术、不思进取，庸庸无为、得过且过地混日子，早就忘记了与时间的约会，就像莎士比亚所说的："抛弃时间的人，时间也会抛弃他"，最终只能落得温水煮青蛙的下场。在温水时，青蛙往往陶醉在舒适环境，得意于闲情逸致，幻想着岁月静好；当水烧得发烫时，它想跳也无力跳出来了。在竞争激烈、优胜劣汰的形势下，如果你缺乏忧患意识、危机意识、"本领恐慌"意识，不与时俱进地努力学习，持续成长，必然会在社会加速"洗牌"时束手无策、"悔不当初"。有的人对与时间约会心志不专、儿戏一般，总是下定决心从明天开始发愤图强，却未曾发现那些关于"明天"的决心只是给自己今天懒惰的借口。殊不知，一次又一次错失了与时间的约会，实际上就是虚度了年华、荒废了人生，正应了古人的叹息："少壮不努力，老大徒伤悲"。

与时间赛跑。林清玄曾在文章中写道："所有时间里的事物，都永远不会回来了。时间是一去不复返的。但假如你认真和时间赛跑，你就可以。"昨日已逝，未来可期，唯有今天的时钟在滴答滴答作响。与时间赛跑，就是只争朝夕，与今天赛跑。与时间赛跑，需要坚定的信念。有了坚如磐石的信念，就有了锚定目标的专注、一往无前的勇气，就有了舍我其谁的担当、坚韧不拔的毅力。虽然人生是那么短促，但只要抓住一个又一个"今天"的瞬间，并把所有激情、能量和才智倾注到这一瞬间，咬紧牙关争分夺秒向目标冲刺，就可以在追赶中赢得时间，创造佳绩。

与时间赛跑，需要高超的智慧：既要善于挤，又要学会聚。因为时间就像海绵里的水，只要用力去挤，总会挤出一些来；零星的分秒随处可拾，只要敏捷地抓住并利用好这些零散时间，就可以聚沙成塔，积土成山，将微小积淀成伟大。与时间赛跑，需要科学的节奏。泰戈尔曾说过："最好的事情总在不经意的时候出现，所以不要慌张赶路，按自己的节奏，步履不停地走过每个今天。"保持豁达的心理节奏，远离喧嚣、浮躁和诱惑，不被他人的议论裹挟，不为同行的讥笑干扰；保持从容的追赶节奏，既要勇往直前，步步为营，又要静赏沿途花开，笑看天地风云；既要持续努力，砥砺前行，又要适时休整，调理身心。与时间赛跑，是向自己的极限挑战，有着奋进的快乐，犹如充盈的心灵在自由飞翔，越过高山，越过平原，迎着呼呼作响的风声，飞向时间的前方；好似人生的步伐在欢快舞蹈，舞过鲜艳的百花，舞过荡漾的荷塘，舞过飘落的枫叶，舞过纯洁的飞雪，舞向美丽的天堂。

"日月不肯迟，四时相催迫。"让我们以更加昂扬的姿态，向时间挑战，与时间赛跑，给新时代交上一份"时间去哪儿了"之问的满意答卷。

走自己的路

"走自己的路，让别人说去吧！"马克思曾引用意大利文学家但丁的这句话，来表明自己理论创新的勇气和强大的人格力量。

路，是从没有路的地方践踏出来的，从只有荆棘的地方开辟出来的。人生之路长短不一，路况各异。你可以从众跟着别人走，模仿他人的脚步；你可以跟着感觉走，走到哪里是哪里；你更可以在前人踏出的路上另辟蹊径，走出属于自己的路。敢问路在何方，路在脚下。不同的人走不同的路，既展现了不同的人生态度，也会领悟到不同的"人生价值"真谛。

蒲公英不甘深陷于寸土之间，随风远扬，才能畅游广阔天地；毛毛虫不甘蠕动在绿叶之下，破茧成蝶，方能在花丛中翩翩起舞；映山红不甘被花盆束缚，漫山肆意开放，才美得惊心动魄。人是独立而自由的个体，不是由复制粘贴得来的克隆生物，只有自己决定自己的命运，走自己适合的道路，才能活出独立的个性，活出不一样的自我。

走自己的路，体现了敢于担当的自信、勇于创新的气度和甘于奉献的胸怀。屈原"亦余心之所善兮，虽九死其犹未悔"，诸葛亮"鞠躬尽瘁，死而后已"，文天祥"人生自古谁无死，留取丹心照汗青"，林则徐"苟利国家生死以，岂因祸福避趋之"……他们在生命面前不卑不亢、不屈不挠，坚定地走自己的路，既成后人之楷模，也为后世所传扬。

　　走自己的路，是一种自我主宰的选择。走什么样的路，成就怎样的自己，是每个人一生都在经历的考试。正确的选择，会使你的人生试卷答案圆满，梦想成真，草率的选择，则会在你的人生试卷留下难以弥补的"减分项"。虽然在学习方式、工作方式、生活方式日趋多样的今天，人们对生活道路的选择机会大大增加，但绝不是像我们平常刷刷手机、点开地图导航，就能找到一条便捷现成的旅行线路。人生道路的选择，需要自主自知、明时察世。如果缺乏自主意识，人云亦云，随波逐流，或者总是估量自己在别人心中的位置，活在别人的眼神里、评价里，就会在不知不觉中丧失自我主宰的判断力和选择能力。所谓自知，就是正确认识自己。你学了什么、懂得什么、能干什么，自己真正需要和喜爱的又是什么，要了然于胸。你是花荣，就拉弓射箭；你是林冲，就跃马横枪；你是张顺，就下水戏浪。"三百六十行，行行出状元。"在事业发展和社会分工中，当梁作砖、当头作尾、当方向盘还是螺丝钉，我们每个人都要立足自身实际和社会实际，扬长避短，以敬业的虔诚和庄严做出审慎的选择。

自我主宰的选择，是一个权衡利弊、比较论证的过程。我们不能仅仅坐在家中、游于网上，而应积极投身生活激流，把握时代脉搏，了解社会需求，在生活体验中找到"参照系数"，在反复比较中找到"路线目标"。其实，这是一个"双向选择"过程，我们在选择适合自己的道路，社会也会对我们进行优胜劣汰的审查和选择。俗话说："没有最好，只有更好。"人生道路的选择，从来不可能一蹴而就，也不可能一次找到"最好"，需要在开路和行进的征程中与时俱进，不断向着"更好"校正和完善。但是，只要有自知之明、扬自我之长，敢于负责、勇于担当，你走的路就一定会通向阳关大道。

走自己的路，是一种一往无前的勇气。人生之路不可能一直平坦大道、一路风景如画，而是有曲折、有坎坷、有陷阱的。在困难和挫折面前，有的人会心灰意冷、知难而退，甚至一蹶不振；而走自己的路，别有一番独特的滋味、独特的自觉、独特的勇气。这就是：始终保持奋进的姿态，越是艰险越向前，在翻山越岭、披荆斩棘、挑战极限中展示生命的魅力、享受成功的喜悦、进入"山登绝顶我为峰"的境界。这种勇气，来自于心灵的契约。心中有了理想，脚下就有力量。践行理想信念的骨头硬、担当初心使命的肩膀硬，就不会在艰难险阻面前弯下脊梁、低下头颅，而是昂首挺胸、前行不止。这种勇气，来自结伴的同行。一往无前走自己的路，不理会世俗的偏见，误会甚至嘲讽，但绝不是单枪匹马、独立独行、孤军奋战，而是要善于与相同兴趣和志向的人携手并进。有句话说得好："想要像雄鹰一样振翅飞翔，就要和群鹰同行。"与志同道合的人同气相求，同频共振，能够凝聚起战胜困难、走向成功的强大智慧和力量。不仅如此，我们还要懂得：大道不孤、天下一家，山川异域、风月同天。雪崩之时，没有一片雪花是无辜的。在新冠肺炎疫情等重大危机面前，唯有秉持"人类命运共同体"和"人人为我，我为人人"的理念，学会与他人团结合作、联手应对、共克时艰，才能在同灾难的斗争中成长进步，向着新的征程进发。这种勇气，来自实力的爆发。实力就是创造力：白手起家、扭亏为盈，聚沙成塔、推陈出新，化险为夷、化危为机，驭平显奇、反败为胜，等等，都是实力的显现。实力不是与生俱来的，需要知识的积累、阅历的丰富、独立的思考、自律的习惯、勤勉的精神、健康的体魄，就像竞技运动员那样时时锻造，日积月累，方能在赛场上爆发出来。

走自己的路，是一种坚持不懈的探索。路由自己选择，便是自己的征程。这个征程，不论多么曲折崎岖，多少障碍阻挡，都要靠自己的脚步探索和丈量。只有在用自己心血铺就、用自己智慧修复的路上，脚步才显得踏实有力，留下"一步一个深深的脚窝"。获评全国"最美公务员"的浙江"90后"科技警察钟毅，为了跟疫情赛跑，与同事加班加点工作、争分夺秒攻关，终于使"健康码"成功地投入全国抗疫。古人云，"岂能尽如人意，但求无愧我心"。走自己的路，既要审时度势，又要坚定不移；既要听取别人的意见建议，又不能被别人的说三道四所左右，而要听从自己内心的需求，遵从自己理智的召唤，仰望星空、脚踏实地，专心致志、持之以恒。摔个跟头别难受、别抱怨、别气馁，爬起来弹弹身上的尘土，继续前行，前方就是一片被理想火炬照亮的天。爱迪生从小就爱发明，有时他把"小发明"带到学校，但每每总是被嘲笑或被弄坏，但他没有沮丧、没有放弃，两耳不闻讥笑声，一心钻研手中物，最后成为发明大王，使过去嘲笑他的人无不感到惊喜和敬佩。是的，人生的道路虽然漫长，但没有比脚更长的路，没有比人更高的山，紧要处往往几步，坚持下去就会峰回路转，路的那一头就是成功。

"走自己的路，让别人说去吧！"不要犹豫，不要迟疑。只要坚定理想信念，把握正确方向，惜时如金，勤勉如牛，一步一个脚印走下去，就能走出困境、走向光明、走向完美的人生。

追逐你的梦想

　　梦想是什么？文学家说，梦想是浩瀚夜空中那颗最明亮的星；哲学家说，梦想是主观思想对客观世界的希冀；科学家说，梦想是探索未知世界的原动力。他们从不同的视角告诉我们：梦想是人们对美好未来的一种憧憬和期望。幼年时的梦想，不免有些天真，但却在心灵深处播下了希望的种子；成年后的梦想，则是我们激情燃烧的火种，会给生命注入鲜活的能量。

　　梦想是人生调色板上最绚丽的色彩。在每个人的自主意识中，也许是童年时的幼稚幻想，也许是青年时的豪情壮志，也许是青春期的思想冲动，也许是对一份纯真爱情和体面职业的渴望……这些梦想，有大有小、色彩各异，但没有高低贵贱之分，它不一定听起来多么宏伟、多么崇高，但在每个人的精神世界中都会鲜花盛开、弥漫芬芳。有了梦想，人生才有了意义、生活才有了精彩。"每一次扬起风帆去远航，难免都会有阻挡，只要有梦想在鼓掌，未来就充满希望；每一次张开翅膀去飞翔，难免都会受伤，只要有

　　　　　　　　　　　　　　　　成就最好的自己

梦想在激励，未来就承载着希望。"

梦想是人生积极进取、用奋斗改变世界、改变自己的愿望。中华民族是一个以梦想创造未来的民族。历代志士仁人，怀揣民族复兴的梦想，并为之前赴后继、不懈奋斗，创造了灿烂的中华文明。梦想有多远，探索的足迹就有多远；梦想有多长，历史的积累就有多长。进入新时代，"中国梦"的建构，为我们放飞自己的梦想提供了更加广阔的平台；我们每个人的梦想，也都深深植根于"中国梦"的土壤之中。伴随着中国梦的绽放，每个中国人的梦想一定会迎着阳光，茁壮成长。

梦想是人生发掘自身潜质、实现自由发展的华彩乐章。满足现状，得过且过，不是个体自我的确立和呵护，而是个体自我的泯灭和消解，对生命存在价值的自弃。不断发掘自身潜质、实现自我超越，在跌宕起伏的生存境遇和挑战中，去体验生命存在的多义性、可能性和独特性，才能显示生命的价值和意义。而个体自我也只有在永不满足、不断超越的过程中，才能得到自由而全面的发展。从这个意义上说，没有梦想的生活不能算生活，只能算活着。只有拥抱梦想、追逐梦想的人生，才能活出自己的快意人生、活成自己想要成为的样子。

追逐梦想，应当志存高远。高尔基说过："一个人追求的目标越高，他的才力就发展得越快，对社会就越有益。"志气者，向上的决心和气概也，"人无志不立"。有志者，事竟成。虽然鲲鹏图南，其志可嘉，鸱鸮捕鼠，亦为可敬，人各有志，各禀其志，但是，我们决不能像爱因斯坦说的只有"猪栏理想"，把安逸和享受看作是生活目的本身，必须"弃燕雀之小志，慕鸿鹄以高翔"，面向苍穹，仰望星空，立大志，立恒志，才能真正激起生命的浪花，展示人生的风采。李贺的"少年心事当如云"，曹操的"老骥伏枥，志在千里"，王勃的"穷且益坚，不坠青云之志"，冯梦龙的"男儿不展凌云志，空负天生八尺躯"，鲁迅的"我以我血荐轩辕"……无一不体现了远大志向和志气。贝多芬虽然双耳失聪，但是他有着为艺术而生的远大志向，仍然废寝忘食、不屈不挠，为他所说的高于上帝的艺术插上翅膀，承载着他的梦想飞翔。陈景润立下攻克"哥德巴赫猜想"的志向后，日夜钻研，不懈奋斗，终于梦想成真，赢得了不平凡的人生。一个人志存高远，就会用不停歇的脚步去追寻梦想，并踏着失望和失败的碎片迈向成功之门。

追逐梦想，心动不如行动。梦想是你人生的灯塔，但不是穿透一切的光亮；梦想是你前行的动力，但不是搀扶你的拐杖。我们自己的双手、智慧和汗水，始终是追逐梦想最坚实、最可靠的依托。实现梦想，除了奋斗别无他途。如果只是把梦想放在心里酝酿、挂在口头演讲，而不付诸行动，终究是虚无缥缈的"空中楼阁"，梦想只能是雾里看花、水中捞月。想要追逐梦想，必须先从梦中醒来。因为遥远的梦想，是在一次次挑灯夜战中显得更近，在一点点进步或成功中变得更实。习近平总书记指出："蓝图不可能一蹴而就，梦想不可能一夜成真。人间万事出艰辛。越是美好的未来，越需要我们付出艰辛努力。""临渊羡鱼，不如退而结网"，"合抱之木，生于毫末；九层之台，起于累土；千里之行，始于足下"。著名画家齐白石曾经谈起他的成名秘诀是"不叫一日闲过"，并在一首诗中描写自己的艺术劳动，"铁栅三间屋，笔如农器忙；砚田牛未歇，落日照东厢"。勤奋劳动、不弃微末、久久为功，方换来"功夫深处见天然"的精湛画艺。追梦之旅注定是一个脚踏实地的耕耘过程，我们应把这个过程量化成一年、一月、一周的小目标，持续不断地完成它。小目标完成得足够多，离梦想就会足够近。追梦的道路也许荆棘丛生，也许孤独前行，也许梦难成真，但只要为实现梦想而努力奋斗过，我们才算真正拥有了无悔的青春、无悔的人生。

追逐梦想，重在捕捉良机。世上有三种东西无法挽回：一是泼出去的水，二是流逝的时间，三是错过的机遇。良好的机遇是追逐梦想的翅膀、迈向成功的阶梯。追梦圆梦的过程，如同一场赛车，有些人抓住机遇，在人生的转弯处超越了别人，也超越了自己，使梦想成为现实；有些人则坐失良机，在人生转弯处落后了、停滞了，甚至迷失了方向、放弃了梦想。当然，机遇不是偶然得来的，而是在一步步追求中全力以赴捕捉到的。当它出现在我们身边时，需要用心去发现、用力去抢抓、用功去把握。新时代数字化、信息化、智能化的发展，给每个人追逐梦想提供了难得的机遇：打开电脑、点开手机，各种线上课程、视频介绍、最新资讯应有尽有；环顾周边，图书馆、博物馆、美术馆人人可及，使我们更加便捷地拥有知识、更新知识，打好追逐梦想的基础；"在线学习服务师""互联网营销师""网络配送员"……一个个新职业的涌现，为我们搭建起了更广阔的圆梦舞台。机遇是可遇不可求的。机不可失，时不再来。只要在机遇来临时，不犹豫彷徨，而是善于捕捉，抓住不放，趁势而上，就可以让追逐梦想的人生增添"加速器"，进入"快车道"。

追逐梦想，坚持就是胜利。生活的理想，就是为了理想的生活。在梦想与现实的途中长征，需要坚定的信念、坚强的意志和坚持不懈的精神。尽管我们需要适应现实环境和条件的变化，适时调整追逐梦想的路径，但向着心中生根的梦想前进，脚步不能停顿。如果不能专心致志，持之以恒，而是三心二意，时断时续，注定不能达到梦想之巅。追逐梦想的道路本来就不是坦途，有荆棘、有坎坷，甚至还有深渊，一路上可能没有人关心你，帮扶你，甚至理解你，还会看到嘲讽的目光、鄙夷的神情，听到劝你放弃的声音。即使如此，怨天尤人无济于事，长吁短叹于事无补，唯有在迎难而上、攻坚克难中磨炼自己的意志、丰富人生的底色。跌倒了爬起来，这是对教训的汲取、对经验的总结、对不足的改进、对成功的加码。要相信，滴水可以穿石，绳锯可以木断。在梦想成真前，任何停滞或者放弃的结果都将是失败的结局。"行百里者半九十"，只有坚持到最后才是真正的赢家，只有笑到最后才是真正的快意。正如一首歌中所唱："最初的梦想，紧握在手上，最想要去的地方，怎样能在半路就返航；最初的梦想，绝对会到达，实现了真的渴望，才能够算到过了天堂。"

"我有一个梦想，要去那伟大的海洋，经历那奇异的冒险，寻找那传说中的宝藏。现在我要起航，为了我的梦想。"让我们追逐自己的梦想，扬帆起航吧！

唱响人生四季歌

与自然界春、夏、秋、冬之分一样，人生也是一个四季过程：少年为春季，青年是夏季，中年可谓秋季，老年则似冬季。与时俱进，顺势而为，唱响四季之歌，就会使生命充满色彩和张力。

少年沐明媚春光

春天，冰雪消融，万物复苏。"沾衣欲湿杏花雨，吹面不寒杨柳风"是春的温暖妩媚，"天街小雨润如酥，草色遥看近却无"是春的温柔细腻，"等闲识得东风雨，万紫千红总是春"是春的温馨绚丽。

春天是成长的季节。花儿吐蕾、叶儿新绿，枝条繁茂、庄稼拔节，处处充满着生命的绿色、生命的跃动。少年为春，有父母的守护、家庭的温暖、社会的关爱，在莺歌燕舞中跃动，在开心快乐中成长。

春天是播种的季节。"一年之计在于春，一生之计在于勤"，"春种一粒粟，秋收万颗子"。只要把希望的种子在这个浪漫的季节播种下去，并辛勤耕耘，汗水浇灌，就一定会有令人惊喜的收获。

"少年智则国智，少年强则国强"。少年时播下梦想的种子，人生就会为追逐梦想而出彩。因为梦想是深藏在我们内心最深切的渴望，能够激发生命中的全部潜能。少年时播下健康的种子，就会以饱满的热情和昂扬的精神迎接生命的每一天。因为实现人生价值时的奋斗、比拼、赶超，都需要健康的身体和充沛的体力。少年时播下友爱的种子，就会心地善良，懂得感恩，乐于奉献。因为只有自己的内心是生机盎然的春天，才能带给他人春光明媚、春风拂面。少年时更要播下勤奋的种子，为梦想成真打好基础、绘好底色。诸葛亮从小博览群书，为他的足智多谋播下了种子。

　　司马光幼时警枕励志，为写出《资治通鉴》播下了种子。毛泽东从小就胸怀天下，认为"少年学问寡成，壮岁事功难立"，坚持以书为伴，手不释卷，勤奋苦读；周恩来少年发奋，"为中华之崛起而读书"，从而为他们成为一代伟人播下了种子。

　　人生在世，贵在有志。莫等闲，白了少年头。让我们唱响少年时代的《播种之歌》，"在那个花开的季节，播种也很美。无数艰辛，无数阻碍，都阻止不了我们前进的步伐。播种，让我们共同播种，开辟一片属于我们自己的美好天地"。

青年如盛夏骄阳

夏天，艳阳高照，万物勃发。"荷风送香气，竹露滴清响"，"更无柳絮因风起，惟有葵花向日倾"。

青年如盛夏骄阳，火红耀眼的年华，活力迸发的青春。他（她）的热血在每一根血管中奔流而意气风发，他（她）的激情在每一个细胞中奔腾而精神抖擞。

在人生的夏季，生命宛如一棵树，要想茁壮你的根、繁茂你的枝、葱绿你的叶、怒放你的花，必须用激情和奋斗去辛勤浇灌。

青年是一段最出彩的奋斗时光。"樱桃好吃树难栽，不下苦功花不开。幸福不会从天降，社会主义等不来。"美好生活、美好时代、美好未来，都要靠辛勤双手创造出来；国家富强、民族振兴、人民幸福，都要靠实干奋斗开拓出来。时间之河流淌不息，每一代青年都有自己的际遇和机缘。而新时代的中国青年，赶上了实现中华民族伟大复兴的历史机遇。奋进正当其时，圆梦适得其势。"有梦想，有机会，有奋斗，一切美好的东西都能创造出来。"但奋斗的过程是充满艰辛的，需要付出许多心血和汗水，破解许多矛盾和问题。古人云，凡成事者，必先苦其心志，劳其筋骨，饿其体肤。当代青年必须"不驰于空想，不骛于虚声"，求真务实，艰苦奋斗，攻坚克难，闯关夺隘，向着既定目标奋勇前行，以奋斗书写出彩人生。

青年是一段最美妙的超越时光。人的价值的实现、自我的丰富和完善，体现在永不满足、不断超越、创造"新我"的过程之中。青年是人的一生中爆发力、创造力、超越自我能力最强盛的时期。不经历风雨，怎能见彩虹？正如一位哲人所说，"有一种工作，没有经历过就不知道其中的艰辛；有一种艰辛，没有体会过就不知道其中的快乐；有一种快乐，没有拥有过就不知道其中的纯粹"。发挥全部潜能，突破自身极限，实现梦想成真，这种超越虽然是瞬间，但这一瞬间是美丽而永恒的。青春的魅力，快乐的纯粹，就在于此。

　　青年也是一段短暂而快捷的时光，既要负重着妻儿老小，又要脚步不停地追梦，但是，人的一生只有一次青春。现在，青春是用来奋斗的；将来，青春是用来回忆的。人生能有几回搏，爱拼才会赢。"青春须早为，岂能长少年"。我们必须只争朝夕，敢闯敢拼、苦干实干、求新求变，自强而不息，自立而不馁，用激情奋斗和自我超越来展现更好的自己。让我们唱响《奋斗者之歌》："不惧严寒酷暑，不惧雨雪风霜，奋斗者步履坚定、无可阻挡；从不言放弃，从不悲观绝望，奋斗者激情澎湃、斗志昂扬，用心血和汗水，浇灌出大地的芬芳。"

中年迎秋风送爽

秋天，金风习习，五谷飘香。它是一幅色彩斑斓的山水画卷，"山明水净夜来霜，数树深红出浅黄"，"一年好景君须记，最是橙黄橘绿时"；它是一杯馥郁芬芳的葡萄美酒，不同于春天酒酿的香甜、夏天烈酒的醉人，但有着独特的醇厚和芳香；它是一曲荡气回肠的丰收赞歌，成熟的喜悦如行云流水、优美动听，丰瑞的快乐似天籁之音、歌声绕梁。如果说，日月轮回的四季是一幕跌宕起伏的戏剧，那么，秋天就是戏剧的高潮。

人生的秋季，"五十而知天命，六十而耳顺"，是成熟的季节、收获的季节。由曾经的小鲜肉、热血青年进入了壮年，欣赏了奋斗改变命运的神奇，体验了爱和被爱的美妙，经历了艰难跋涉的辛劳，减少了狂热、冲动，增加了理性、稳重，愈加懂得了对家人体贴、对友人真诚、对他人宽厚。"人有所执，方有所成"。也许你仍未活成自己想要成为的样子，但只要不放弃内心深处对诗意远方和星辰大海奔腾已久的渴望，以沉淀的坚韧和成熟的智慧继续追求，必将得到丰厚的回馈。

人生的秋季，秋高气爽，月朗风清，是前进的季节、登顶的季节。造物主赋予秋季绚烂的色彩、清新的空气、自由的天地，"漫红碧透，百舸争流，鹰击长空，鱼翔浅底，万类霜天竞自由"。人到中年，事业的发展如同在崎岖的山路上攀登，已近顶峰，到了"人到半山路更陡"的关键一程。前路虽艰，行稳致远。只要我们拿出"踏平坎坷成大道"和"会当凌绝顶"的斗志，有定力、有韧劲、有节奏，咬紧牙关、屏息聚力，"一步一个脚窝"地知难而进、乘势而上，就一定能够登上山顶，欣赏到"无限风光在险峰"。

"自古逢秋悲寂寥，我言秋日胜春朝。晴空一鹤排云上，便引诗情到碧霄"。让我们唱响《我们走在大路上》："我们走在大路上，意气风发斗志昂扬。向前进！向前进！革命气势不可阻挡；向前进！向前进！朝着胜利的方向"。

老年似冬梅绽放

冬天，雪花飞舞、粉妆玉砌。"寒天催日短，风浪与云平"，"忽如一夜春风来，千树万树梨花开"。时光荏苒，悄悄更改着人生的容颜。草木春荣冬枯，岁岁年年。如同自然规律，老年必然会伴随着漫长寒冷的冬季走向生命旅程的终点。

冬季是内敛的季节。老年如冬，经历了繁华与萧瑟之后，自然会返璞归真，心态平和。人生，不能十全十美，无法事事如意，总有坎坷波折，总有不尽人意。对这些，要看淡、释怀、放下。杨绛曾说过："我们曾如此渴望生命的波澜，到最后才发现，人生最曼妙的风景，竟是内心的淡定与从容；我们曾如此盼望外界的认可，到最后才知道，世界是自己的，与他人毫无关系。"人生最重要的不是拥有多少，而是内心的知足和快乐。"只要爱过等过付出过，天堂里的笑声就不是传说。"

冬季是展望的季节。老年从年富力强进入退休时光，往往会"哀吾生之须臾，羡长江之无穷"。当然，一缕缕记忆编辑成时光的相册，是情与梦的延伸。但是，倘若一味沉湎于美好往昔的怀念和青春消逝的追悔中，执着于曾经的伤痕和哀念，那就会"斯人独憔悴"，看不到前面的路，错过更多未来的美好。冬季展望春天，老年展望明天；事业的风帆即将靠岸，金色的人生正在起航。老年大学的琅琅书声、文艺舞台上的吹拉弹唱、社区广场载歌载舞、书法绘画摄影、享受运动健身、纵情山水旅行……只要永远保持好奇心，不让一天不惊喜，不让一天无追求，不断充实、丰富和完善自己，老年生活就会如灿烂的晚霞溢光流彩。

冬季是绽放的季节。老年如蜡梅傲雪斗霜，在寒凝的大地上静静地展现优美风姿、散发沁人花香。随着党和国家对老龄事业的重视，随着生命科学和医疗卫生技术的发展，老年人生的长度和质量都将得到提升。作家村上春树说过："人不是慢慢变老的，而是一瞬变老的。变老是从放弃自己的那一刻开始的，只有对自己不放弃，才不会轻易服老，在岁月的蹉跎中老去。"生命的衰老源于新陈代谢功能的老化，而人生的衰老则是源于自我开放、自我更新能力的减退。只要始终保持生活的追求和情调，保持生命的朝气和活力，昂起头，挺起胸，带着笑容，从容自若地面对生活，绽放自我，即使走向人生旅行终点站的背影，也一定是优雅的、体面的。

"莫道桑榆晚，为霞尚满天。"老有所学、老有所为、老有所乐，无怨无悔、从容体面地老去，就会像孔子所说，"发愤忘食，乐以忘忧，不知老之将至云尔"。让我们唱响老年时代的《夕阳红》："最美不过夕阳红，温馨又从容。夕阳是晚开的花，夕阳是陈年的酒，夕阳是迟到的爱，夕阳是未了的情，多少情爱化作一片夕阳红"。

后 记

　　庚子新春，在我们守望相助、团结奋战、抗击疫情之时，江苏人民出版社和新华网、现代快报、人民作家等媒体向我约稿，让我以哲理散文的形式，谈谈自己的人生感悟，以唤起广大读者特别是年轻一代对成人、成长、成才、成功的更深思考，激起蓬勃向上的人生热情和能量。

　　这两年，"躺平"成为一个网络热词。一些年轻人放弃奋斗、不思进取，他们或逃避竞争，低欲望生活；或离开职场，回家"啃老"。究其原因，有的是跟不上时代奋进步伐而选择止步不前，有的是生活中遇到挫折而选择随波逐流。有人认为，"躺平"可以平和而无内心之骚动、安顿而无失败之风险、省力而无拼搏之劳顿，是一种与世无争、无欲无求的人生处世哲学；也有人认为，"躺平"是一种对现实社会的无奈和妥协，是为了释放情绪后更好地站立起来。作为一种生活态度，"躺平"也好，"佛系"也好，尽管有着其背后的经济和社会根源，需要社会更多的理

　　　　　　　　　　　　　　　　成就最好的自己

解和包容，但是，甘于"躺平"，是缺乏生活热情和内驱力的惰性心态，是不愿拼搏奉献、一味坐享其成的精致利己主义。"躺平"，既是青年之忧，也是时代之痛。人生该怎样度过？道路该怎样选择？幸福该怎样拥有？确实是当今社会每个人都应该深入思考的重大课题。

时间之河长流不息，每一代青年都有自己的际遇和机缘，都要在自己的时代条件下谋划人生、创造幸福。基于此，围绕如何成就最好的自己，我撰写了35篇文章，结合自己的人生体悟，剖析世事，阐明哲理：人的生命之旅总是酸甜苦辣、百味杂陈，悲喜相续、忧乐交融，只要保持积极乐观的心态，把一切际遇都当作生命的体验，感恩生活的每一点赐予，并从中发现美好，感受快乐，就可以把每天的日子过得丰盈而充实；每个人都有自己的生命尊严和生命诉求，人人都有追梦的权利，也都是梦想的筑造者。只有拥抱梦想、追逐梦想的人生，才是真正的无悔人生、快意人生；"机遇只会光顾那些有准备的人"，只有只争朝夕、不负韶华，终身学习、持续成长，才能抓住机遇、乘势而上，创造属于自己的人生精彩，切不可选择"躺平"而辜负青春和时代，丧失了走向成功的大好机遇；天上不会掉馅饼，成才成功无捷径。有梦想、有机会、有奋斗，才能创造美好生活，把困难和挫折锤炼成通向成功的阶梯，成就有价值、有意义、有作为的人生；也许奋斗的收获与付出未必能成正比，但奋斗的经历却是人生的一道美丽风景线，会留下值得珍藏一生的记忆；也许我们无法决定生命的长度，但可以拓展生命的宽度。只要具备强烈的求知欲和勇于实践精神，不断完善和超越自我，就可以丰富生命的内涵，提升生命的质量。

人生不是构想出来的，现实永远比想象更为丰富和精彩。如何成就最好的自己？是每个人一生都在经历的考试，每个人都有属于自己的独特体验和感悟，既没有现成的人生旅行路线，也没有简单化一的标准答案。你的道路选择，你的梦想追求，你为改变命运的奋斗，就是你的人生；你朝什么方向前行，自己收获了什么，为社会和历史留下了什么，就是你的人生价值。一切优秀的"答卷"，来自于坚定科学的理想信念、把握正确的人生方向、保持健康向上的人生态度和持之以恒的勤奋努力。所以，《成就最好的自己》这本书，只是给广大读者提供一些思考人生和待人处事的方法，如何应对挑战和经受考验，回答和解决人生中可能遇到的各种问题，展现生命最好的姿态，还需要读者自己的探索、实践和创新。

止于至善，方能臻于至美。追求真善美是作品的永恒价值。一本书是否具有可读性和感染力，关键是看是否具有较高的审美价值、让读者产生心灵触动的审美愉悦。作为哲理散文，既要有洞穿世事、直指人心的哲学思考，给人以哲学之美、思想之美；又要有由表及里、由此及彼的逻辑论证，给人以逻辑之美、思维之美；还要有丰富多彩、引人入胜的语言表达，给人以诗意之美、人文之美。"文以载道"，只有让哲理之根深扎实践沃土、让思想之光滋养灵动文字，哲理散文的花朵才能绚丽夺目、美妙动人。写作《成就最好的自己》这本哲理散文集，是我静读深思、体察自省的过程，也是展现人格力量、传递人文精神的过程：阅读经典，与先哲对话，更加感受历史的波澜壮阔、体味人生的曼妙沧桑；体察自省，与心灵对话，更加珍惜生活的多姿多彩、激发生命的成长力量。在这本书中，人生经历和阅历的哲学思考，中华民族传统文化的优美神韵，历代诗词歌赋的美学旨趣，古今中外史实案例的说明验证，人与人、人与社会、人与自然关系的伦理意蕴……将生命的意义、幸福的密码、快乐的秘诀、梦想的魅力、人生的智慧寓含于字里行间，希望从不同角度、不同层面给读者以温暖、启迪和美的享受。

呈现在读者面前的《成就最好的自己》，其实是一部集体合成的交响乐章：凤凰出版传媒集团、江苏人民出版社、江苏凤凰职业教育图书有限公司的领导和编辑给予精心的指导、设计和编排，为这部乐章增添了浪漫的旋律；朱永新、朱寿桐两位教育和文学大家为本书作序，中国书法家协会主席孙晓云为本书题写书名，则奏响了这一交响乐章的最强音。现在，将其奉献给正在探索着、创造着新时代人生价值的广大读者，真诚地希望大家提出批评意见。让我们携手并进，在通往中华民族伟大复兴的第二个百年征程上，用青春的底色，用奋斗的彩笔，为祖国绘就最新最美的画卷，也为自己描绘出五彩斑斓的美丽人生。

朱步楼

2022年1月5日写于南京

南大和园

成就最好的自己